脉冲电磁场下的
金属凝固及固相析出

白庆伟 著

U0342685

北 京

冶 金 工 业 出 版 社

2024

内 容 提 要

本书重点介绍了脉冲电磁场对金属凝固过程的作用，尤其是磁动能及磁势能作用下初生晶核的形成、长大、迁移和旋转等行为，分析了凝固组织的细化机理。根据脉冲电磁场调控组织机理，探索了脉冲电磁场对固态相变组织控制的初步构想。同时，研制了铝合金半连续铸造及稀土镁合金压铸专用脉冲电磁处理装置并进行了工业化实践，取得了良好效果，进而推广至镁合金的压铸生产。

本书可为广大科研工作者、大专院校教师和研究生在电磁技术开发及应用工作中阅读参考。

图书在版编目（CIP）数据

脉冲电磁场下的金属凝固及固相析出／白庆伟著 . —北京：冶金工业出版社，2024.5

ISBN 978-7-5024-9865-8

Ⅰ . ① 脉 …　Ⅱ . ① 白 …　Ⅲ . ① 熔 融 金 属—凝 固 理 论—研 究　Ⅳ . ①TG111.4

中国国家版本馆 CIP 数据核字（2024）第 094287 号

脉冲电磁场下的金属凝固及固相析出

出版发行	冶金工业出版社	电　　话	（010）64027926
地　　址	北京市东城区嵩祝院北巷 39 号	邮　　编	100009
网　　址	www. mip1953. com	电子信箱	service@ mip1953. com

责任编辑　夏小雪　美术编辑　吕欣童　版式设计　郑小利

责任校对　葛新霞　责任印制　窦　唯

北京建宏印刷有限公司印刷

2024 年 5 月第 1 版，2024 年 5 月第 1 次印刷

710mm×1000mm　1/16；11 印张；201 千字；165 页

定价 72.00 元

投稿电话　（010）64027932　投稿信箱　tougao@ cnmip. com. cn

营销中心电话　（010）64044283

冶金工业出版社天猫旗舰店　yjgycbs. tmall. com

（本书如有印装质量问题，本社营销中心负责退换）

序

随着碳中和、碳达峰理念的提升，人们对铝、镁等轻金属合金生产及其加工技术提出了更高的要求，产品的高均匀化、细晶粒化、高洁净化和生产过程的低消耗、低污染成为新一代冶金技术的发展方向。获得均匀细小的等轴晶可显著提高材料的力学性能，降低铸造缺陷，提高下游产品加工性能。通常的做法是从改变相结构及晶体形态来控制凝固组织，其中，相结构直接受合金成分的影响，而晶体形态及晶粒尺寸是由凝固过程所决定的。

电磁凝固技术可最大限度地实现洁净加工及组织改善的目的。脉冲电磁场具有独特的场分布及电磁特性，在先进材料制备领域发挥着不可替代的作用。长期以来，脉冲电磁场所引起的电磁力、焦耳热及搅拌效应对金属材料凝固过程的影响成为理论分析的热点，并取得许多富有成效的进展。然而，电磁能对相变所引起的作用很难被直接观测而被忽视。至今人们对脉冲电磁场细化金属凝固组织的机理还没有形成一致的看法。脉冲电磁具有大能量密度、间歇式及较大的 $\partial \boldsymbol{B}/\partial t$ 等特点，瞬时非连续高电磁能量渗入熔体可实现更高的组织细化率，提升材料整体疲劳、抗拉性能。开发的熔体表面脉冲磁场处理技术已逐步推广至大规格、多成分铝合金半连续铸造生产中，通过在 7A04、5056 等铝合金铸造工业实践表明，脉冲铸造铸锭在组织均匀化、细化方面取得优异的效果，甚至在时效处理、去残余应力处理、取向控制等方面具有广阔的应用前景。

本书将脉冲电磁场的时空特性与金属相变过程相联系，由浅入深地介绍了脉冲电磁场下的组织细化过程及其技术应用，使读者能够从电磁学与冶金学角度深入理解脉冲电磁场在金属相变中的作用机理。

麻永林　教授

2023 年 12 月 27 日于包头

前　言

近年来，冶金高新技术和生产装备水平逐步提高，在金属冶炼过程中的控制以及轧制和热处理中的组织改善水平都有了长足进步，但凝固及热处理析出均质化过程尚未得到有效解决。

有效控制金属凝固组织是获得高性能优质产品的第一步，也是人们长期以来所关注的课题。对于轻金属合金，选分结晶和强制冷却更易导致逐层冷却，造成铸坯心部组织严重的疏松，缩孔，甚至裂纹，在后续的热挤压、轧制等过程中，显现出强烈的"组织遗传"效应[1-2]。另外，受凝固组织的影响，溶质元素的重新分配系数小于体系内，在凝固前沿产生富集偏析[3]。获得均匀细小的等轴晶可显著提高材料的力学性能，降低铸造缺陷，提高下游产品加工性能。过冷熔体增加过冷度可显著增加液-固相 Gibbs 自由能差、降低临界形核功，这种体系能量干预可达到晶粒细化的目的[4]。例如快速凝固技术[5-8]，尽管能得到细小的晶粒尺寸，甚至纳米晶，但其无法制备大尺寸铸锭而难以实现工业化生产。异质形核更容易实现大截面铸锭的晶粒细化，通过添加变质剂抑制晶粒长大获得细化组织，液态金属在固相质点表面形核可大大降低表面能，但对材料本身造成污染。例如，在铝合金熔体中加入 5%Ti、1%B 能获得显著细化的凝固组织，但形成的 TiB_2 在金属中会损害最终产品的性能。此外，国内外研究者还开发了微流量生核技术[9-10]，喂薄板、薄带技术[11]等，但这些方法在工业生产中都具有各自的局限性。

物理场处理凝固组织可最大限度地实现洁净加工和材料品质提升。许多高新技术被应用于改善金属凝固组织，例如：超声波处理[12]、电脉冲技术[13]、电磁搅拌[14]、电磁振荡技术[15]等，上述技术多是通过对熔体凝固过程引入适当的搅拌或波动来实现晶粒细化。近十年来，作为后起之秀的脉冲电磁场对轻金属合金凝固组织的影响和作用机理备受关注，脉冲电磁具有大能量密度、间歇式及较大的 $\partial\boldsymbol{B}/\partial t$ 等特点，瞬时非连续高能量渗入熔体可获得更高的组织细化率，提升材料整体疲劳、抗拉性能，逐步成为先进新材料制备的重要环节之一[16-19]。同时，脉冲磁场实现了高效、节能、非接触生产等优点，使绿色工业化应用更具有可行性。

本书在内容的编排上，首先介绍了电磁场理论概述及电磁冶金过程数值模拟方法；其次，详细展开电磁场对金属相变过程的作用机制，阐述了其以磁势能的形式无接触地传递到物质的原子尺度，干预原子的排列、匹配及迁移等行为；最后，针对 DC 铸造、稀土镁合金压铸热处理等冶金环节介绍技术应用及生产实践情况。感谢研究生王博对本书的校稿工作。本书适合广大科研工作者、大专院校教师和研究生在脉冲电磁技术开发及应用的工作中参考使用。

由于作者水平有限，书中难免存在不妥之处，敬请读者批评指正。

作　者

2024 年 1 月 30 日

目　　录

1 电磁场在冶金过程中的应用

1994 年在日本名古屋召开的第一届电磁材料制备会议上，正式确立了电磁学与材料加工工程所形成的交叉研究领域名为材料电磁制备过程（Electromagnetic Processing of Materials，简称 EPM），推动了先进电磁材料制备技术的蓬勃发展。其中，电磁场在材料制备领域所起到的作用主要有：（1）以铜线圈产生的普通强度直流磁场，主要用于制动、改变流形等领域。（2）超导线圈产生高强稳恒磁场，主要应用于材料微观结构改性及新材料开发领域。（3）频率从几赫兹到数兆赫兹的谐波磁场，主要以电磁感应加热、电磁搅拌、液态金属传输、电磁制动等技术为代表。（4）近年来形成了以脉冲磁场、变幅磁场、移动磁场、振荡磁场等为代表的其他特殊磁场。诸多形式的磁场广泛应用于国民生产的各个领域，目前 EPM 技术已成为提高材料质量、节能、实现绿色生产的重要途径。本章内容对金属材料在不同形式电磁场中表现出的一些新颖现象及其机理进行简要概括。

1.1　金属材料在稳恒磁场下的特性

稳恒磁场是影响材料性能的重要外加物理场之一。随着超导技术的不断成熟，促使国际上已经有高达 10 T 以上强磁场被用来改进材料的性能。强磁场的产生本身就是一门学问，它的发展直接制约着新材料制备的先进性。从最初的 Bitter 线圈到目前超导混合磁场几十年的发展中，稳态磁场可达到 45 T，而通过混合磁场产生的脉冲磁场更可达到 100 T。国际上磁感应强度 10 T 以内的超导磁体基本实现商业化运营，而许多机构和实验室已经成功应用基于 ReBCO 系列高温超导材料获得的高强稳恒磁场。美国国家高强磁场实验室（NHMFL）将 4.2 T 的稀土永磁体嵌入在 31.2 T 的常导磁体，组成复合磁体，最高磁场达到 35.4 T[20]。目前正在筹划建设 60 T 准连续脉冲磁体，试验孔可达到 34 mm，脉冲停留时间可达到 100 ms，能够在等温磁体中提供足够长的试验时间[21]。大阪大学强磁场实验室设计并开始建造一个磁感应强度为 80 T 的非破坏性脉冲磁场，可在 10 mm 的空隙中持续 7 ms 的脉冲时间。德国 Dresden 国家实验室以强大的脉冲电容电源为优势，实现了 94.2 T 的超高强脉冲磁场[22]。以磁场发生技术为依托，为先进材料制备技术发展提供了不可或缺的研究手段。

一些有机或无机材料在强磁场中能产生许多意想不到的现象。凝固过程中，晶粒在超强磁场中发生旋转、变形或导致取向变化，而一些非导磁性物质在强磁场中发生悬浮、内部结构蜕变等现象。其中，磁化力对材料的影响一般可以分为平行、旋转方向，对于平行磁力主要用于磁分离、磁悬浮[23]和材料磁化率测定[24]。由于材料磁晶各向异性导致磁化率不同，而形态各向异性导致退磁因子不同，因此产生的旋转磁化力被用于构建理想的晶体取向排列和织构分布[25-30]。在磁场影响晶粒取向时，必须满足三个条件[31]：

（1）材料的单位晶胞必须有各向异性磁化率。

（2）磁化能大于体系周围热扰动能，条件公式为：

$$-\frac{1}{2\mu_0}\chi VB^2 > kT \tag{1-1}$$

式中，B 为磁感应强度的大小，T；χ 为材料的磁化率，无量纲；V 为被旋转粒子的体积，m^3；k 为 Boltzmann 常数，J/K；T 为温度，K；μ_0 为真空磁导率，H/m。

（3）对于磁化力较弱的非磁性材料，一般在凝固期间可以更容易获得最佳取向。

利用 X 射线衍射方法可较为直观地研究晶胞凝固旋转过程。抗磁性材料金属铋的 a、b 轴方向磁化率大于 c 轴，在强磁场下磁化能 $E_{a、b} > E_c$，a、b 轴具有良好的取向且平行于磁场方向，在 12 T 磁场处理 3 min 后晶胞旋转示意图如图 1-1 所示。可根据公式：

$$\theta_F = \frac{\sum (l_{hkl} \times \theta_{hkl})}{\sum I_{hkl}} \tag{1-2}$$

描述晶胞的旋转过程。式中，θ_F 为垂直 c 轴的晶面夹角，（°）；θ_{hkl} 为（hkl）和（$00n$）的晶面夹角；I_{hkl} 为（hkl）面的 X 射线衍射强度。

超过 10 T 的强磁场可影响马氏体转变，$\gamma \rightarrow \alpha$ 转变，贝氏体转变等[32]铁基合金的固态相变过程[33]。在磁场作用下对相转变的影响主要依赖于母相和生成

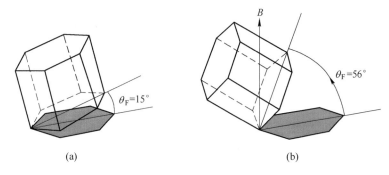

图 1-1 铋在强磁场下的晶胞转动情况[23]

(a) 无电磁处理；(b) 电磁处理下

相磁饱和的区别，在磁场与相磁矩之间的相互作用能导致转变点的改变。图 1-2 中表明，没有外加磁场时 Gibbs 自由能在磁场强度 $H = 0$ 的平面只是温度 T 的函数，而施加磁场下，Gibbs 自由能由 T-H 函数共同作用来保持两相平衡。

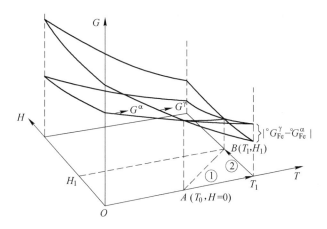

图 1-2 奥氏体和铁素体随温度及磁场强度的 Gibbs 自由能差变化[32]

Joo 等人[34]研究了强磁场对 Gibbs 自由能变化的影响，运用分子场理论探讨了 Fe-Fe$_3$C 相图的变化，并计算了铁素体、渗碳体、奥氏体转变所需的 Gibbs 自由能。结果表明，在强磁场下 A_{c1} 和 A_{c3} 明显增加并给出总 Gibbs 自由能计算公式：

$$\Delta G_{total}^{\gamma \rightarrow \alpha}(T, H) = \Delta G_T^{\gamma \rightarrow \alpha}(T, H) - \left[G_M^\alpha(T, H) - \frac{1}{2}\chi_\gamma H^2 \right] \tag{1-3}$$

式中，$\Delta G_T^{\gamma \rightarrow \alpha}(T, H)$ 为温度导致的两相 Gibbs 自由能差；$G_M^\alpha(T, H)$ 为 α-Fe 的磁

致 Gibbs 自由能变化；$\frac{1}{2}\chi_\gamma H^2$ 为 γ-Fe 的磁致 Gibbs 自由能变化。

以碳含量 0.44% 的亚共析钢为例，在 5 ℃/s 速度冷却形成的铁素体含量为 33%，在 10 T 的强磁场下铁素体含量增加了 10%。对于过共析钢而言，强磁场则降低了奥氏体中渗碳体含量。强磁场对热处理 γ-Fe $\rightarrow\alpha$-Fe 的 TTT 动力学转变曲线也有明显影响，如图 1-3 所示，外加磁场导致相转变时间显著降低，且发现在纯铁中 δ-Fe $\leftrightarrow$ γ-Fe $\leftrightarrow$ α-Fe 相转变先于 Fe-C 合金发生，在这样的情况下，纯金属在磁场作用下更易发生相变。所以在固态相转变过程中，磁场可以改变相变（形核）驱动力和合金元素扩散驱动力来影响相转变的完成。Sadovsky[35] 认为，在磁场条件下发生马氏体相变时产生了 Zeeman 能，并用能量公式对马氏体相变开始温度（M_s）进行估算：

$$\Delta T_S = -\Delta M(T_S')H_C T_0/Q \tag{1-4}$$

式中，$\Delta M(T_S') = M^\gamma(T_S') - M^{\alpha'}(T_S)$，$M^\gamma$ 为奥氏体转变温度 T_S' 时的自发磁化强度，A/m；$M^{\alpha'}$ 为奥氏体转变温度 T_S 时的自发磁化强度，A/m；H_C 为临界磁场强度，A/m；T_0 为两相平衡温度，℃；Q 为潜热，J/g。

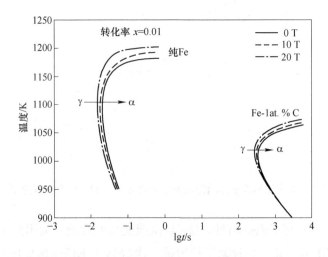

图 1-3　外加磁场对 Fe-1at.% C 合金 $\gamma\rightarrow\alpha$ 转变 TTT 动力学曲线[36]

强电磁力对凝固过程中的初生固相沉积及移动情况有重要影响，导致初生相在熔体中的运动不仅依靠重力、磁力还有熔体流动压力。Waki[37] 及 Yasuda[38] 对磁场下合金熔体净化机理进行了初步探索。亚共晶铝合金 Al-6%Si 在恒磁场和变化电流复合作用时凝固组织被显著细化，而过共晶铝合金 Al-15%Si 细化效果不显著,初生相出现在熔体的上部和底部,导致不同相的磁偏聚生长,归根到底是由于各相凝固组织具有不同的磁特性[39]。对于顺磁性 Al 和抗磁性 Cu 两种不同磁特性的金属凝固,当磁化力和重力方向一致时,凝固组织被不同程度细化;当两者方向相反时,凝固组织却变得粗大,其柱状组织生长方向与磁场方向保持一致,但是两者择优生长取向会有明显差别。

从热力学理论分析认为,强磁场对金属凝固组织的影响是通过改变原子成键能力及体系环境来实现的。Ren 等人[40]对于非铁磁性材料相转变研究时发现,磁场可以显著提升纯金属 Bi 的凝固温度,施加 12 T 的强磁场可以增加凝固温度 6 K 以上,并且随着磁感应强度的增加呈线性增长。可以认为,磁场对液态原子间结合力产生了影响,如果磁场足够大则体系有序化转变更加困难。强磁场通过改变轨道有序化、诱导自旋改变晶体内部原子间作用力,同时对化学键的生成或松弛导致反应物活化,通过影响化学进程可获得一系列特殊用途的功能材料。

强稳恒磁场也能有效削弱对流并改善凝固结构,对熔体的温度分布、热量传输、溶质分配过程都有显著影响,这些影响不但在铁磁性材料而且也在顺磁性和反磁性物质中的确存在。Kishida 等人[41]利用磁场定向凝固装置对 Pb-Sn 合金凝固磁各向异性进行研究,观察到随着平行于凝固方向的磁场增加,等轴晶反而变为柱状晶。通过运用磁流体力学分析认为,一般熔体凝固过程是湍流流动、垂直磁场凝固是层流流动,而平行磁场凝固则抑制对流,对于固-液相之间饱和磁化强度差较小的材料在强磁场作用下相界面几乎不被改变。

电磁冶金过程中的枝晶生长动力学及选择性结晶对研究晶体形态与凝固参量间的本征关系具有重要意义。纯金属和合金中所形成的凝固组织大致可以分为多相组织和单相初生晶体[42]。而这两种凝固组织的生长过程又可分为强制生长和自由生长。在强制生长过程中,熔体等温线的推进速率限制了枝晶生长,从而迫使枝晶尖端具有相应的过冷度。热量沿晶体生长方向的反向平行方向通过晶体导出,致使熔体成为最热的部分。相邻枝晶间具有小角度晶界的特征,而重复分叉形成的许多主干则构成了晶粒。在过冷度较小的条件下凝固时,自由晶核各个方向等温生长,与从其他晶核长出的枝晶相遇并形成枝晶网络。此时,热流一般从晶体流向熔体,这将导致纯金属及合金热量必须由熔体导出,晶体内部具有体系的温度峰值。枝晶尖端对溶质和热量排出的影响被认为是造成元素偏析、枝晶搭桥的重要因素。这类复杂的界面形态始于不稳定平面状界面的破裂,外界对体系的扰动在界面上呈现出尖端和凹谷,扰动振幅增加,最终经历一个与时间相关的非稳态过程。当前被广为认可的枝晶生长凝固理论有[43]：（1）枝晶尖端的 Ivantsov 传热和传质过程；（2）枝晶尖端半径在固-液界面能各向异性的条件下由于过冷形成定向选择性生长；（3）在高过冷条件下，非平衡态热力学问题线性逼近更明显。早在 1935 年由 Papapetrou[44]提出用旋转抛物面模型来描述在这样一个交互作用扩散场下的枝晶形状，Ivantsov[45]在 1947 年推导出抛物面扩散问题的数学解，给出过饱和度 Ω、枝晶尖端半径 R 及生长速率 V 关系：

$$\Omega = I(P_C) \tag{1-5}$$

$$I(P_C) = P_C \exp(P_C) E_1(P_C) \tag{1-6}$$

式中，$P_C = VR/2D$ 为溶质扩散 Peclet 数；$E_1(P_C)$ 为柱坐标指数积分函数。

　　磁场条件下，枝晶尖端的扩散场及选择性生长也依靠于 Peclet 数，Alexandrov 和 Galenko[46]提出了枝晶生长与对流耦合的三维生长理论（简称 AG 理论）。Gao 等人[47]运用 AG 理论对稳恒磁场下过冷 Ni 熔体枝晶生长速率进行分析，研究发现当过冷度在 120 K 以下，较低磁感应强度即可抑制枝晶生长，但磁感应强度大于 5 T 时枝晶重新加速生长，如图 1-4 所示。认为当磁场达到一定强度时能够连续影响过冷熔体内部强制对流，磁流体动力学与热对流之间的竞争关系导致这一趋势的产生。Tewari 等人[48]利用电磁定向凝固装置施加 0.45 T 横向磁场，发现磁场使枝晶簇发生了扭曲生长。在过冷熔体中的磁流体动力学分析异常复杂，需利用热电磁流体动力学（TEMHD）解释其中一些现象。

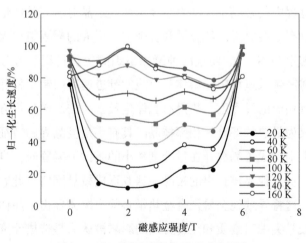

图 1-4　在不同过冷条件下磁感应强度
对纯 Ni 枝晶生长速率的影响[47]

图 1-4 彩图

图 1-5 反映了在磁场作用下枝晶周围物理场分布状态。在未通磁场时，过冷熔体中由于沿着枝晶轴存在热梯度导致等轴枝晶尖端周围存在热电电流，热电电流由较冷尖端向温度较高的枝晶根部传递。当施加倾斜于枝晶尖端的磁场后，在枝晶周围形成由 Lorentz 力导致的熔体热电磁流运动，引起尖端附近 Y 轴和 Z 轴的涡旋。这将从两方面影响枝晶生长动力学：一方面是容易形成均匀的局部热边界层导致枝晶粗化，降低尖端生长速率；二是当枝晶周围熔体运动较快时，在尖端低压区易于过冷熔体堆积、带走尖端放热，促进尖端生长。所以施加稳恒磁场既可以实现抑制枝晶生长，也可以促进枝晶生长，这取决于磁场引起枝晶周围熔体的流动情况。

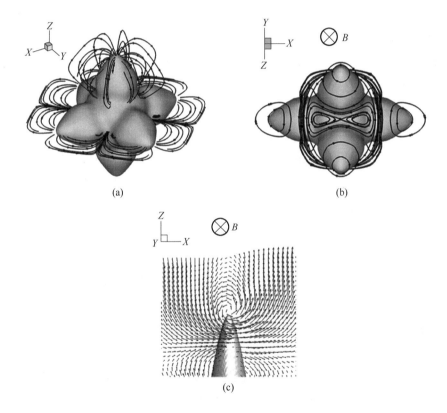

图 1-5 过冷熔体中等轴枝晶的物理场分布[47]

(a) 未加磁场时等轴枝晶的热电电流分布；

(b) 施加倾斜于枝晶轴向磁场后形成的热电电流分布；

(c) 磁场下枝晶尖端附近的流场

1.2　谐波磁场材料加工技术

谐波磁场在材料冶金及热处理过程中扮演着举足轻重的角色。以电磁场控制熔体运动行为为基础的连铸电磁搅拌技术和以电磁场感应涡流为基础的电磁感应加热技术，均已成为电磁材料加工工业化应用的典范。

近年来以镁合金与铝合金等轻金属合金为研究对象的电磁搅拌铸造技术备受关注。但轻金属合金的物性特点与钢铁材料截然不同，如导热性、导电性等，所以电磁场施加方式也截然不同。现有 CREM 法[49]、电磁铸造技术（EMC）[50]、电磁振荡[51]、混合磁场铸造[52]及脉冲磁致振荡（PMO）[53]等先进技术对铸造过程进行处理，熔体的动量传输会直接影响体系传热、传质过程。强磁场利用材料各向异性来控制熔体在凝固过程中的对流及物质传输，而谐波磁场则可以利用在导电熔体内产生的电磁力改变熔体原有运动方式[54]，通过控制凝固过程来细化铸造组织、改善力学性能。有研究表明[55]对合金液-固两相糊状区施加电磁搅拌可以达到最优效果，此时熔体特性有：（1）两相区熔体固相分数达到 0.2% 时，外层枝晶相互连接形成网格骨架结构，非枝晶金属仍保持运动，形成了均匀的接触界面。（2）触变性好，固态晶核形成后在两相区相互碰撞移动，静置与流动交替，可将合金元素均匀化。（3）对已形成晶核热冲击小，形核率提高，所以电磁搅拌装置大多设置在糊状区位置。谐波磁场导致熔体运动的过程中，晶粒细化的原因被认为是枝晶破碎或枝晶根部熔断并在熔体中形成细小的初生晶核。Zhang 等人[56]利用低频电磁搅拌技术对直径为 200 mm 的 7075 铝合金铸锭进行处理，认为电磁力驱动熔体运动并减小熔体内部温度梯度与液穴深度，因此可改善铸锭凝固组织及微观偏析状况。对镁合金电磁 DC 半连续铸造（Direct Chill Casting）过程施加谐波磁场后，模拟计算发现熔体产生涡流扰动，形成的温度梯度和浅糊状区有利于在铸锭横截面上获得均匀的等轴晶。此外，在 DC 铸造过程中，位于结晶器位置的磁场可使熔体形成软接触，改善铸坯表面质量，图 1-6 所示为熔体在 10 kHz 条件下的电磁软接触现象。软接触只有在频率足够高时才能实现，而高频率又由于趋肤效应限制了电磁波渗入熔体的深度。Tang 等人[57]考虑到电磁铸造过程中趋肤效应对铸锭直径限制的问题，对传统电磁搅拌设计方案进行改进，开发了一种新型环缝式电磁搅拌器。该设计实现工作频率 30 Hz 下铸造 Al-6Si-3Cu-Mg 金属，同时保证磁场渗入深度。模拟计算发现在结晶器位置产生两个相反方向的涡流，环形气隙有利于增加循环流场、降低温度梯度及糊状区深度，同样有利于获得均匀的等轴晶。

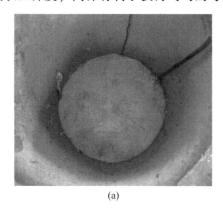
(a)

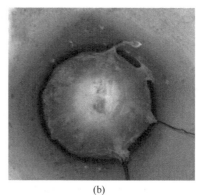
(b)

图 1-6 7A04 铝合金在中频感应炉中的软接触现象

（a）未加磁场；（b）频率为 10 kHz 谐波磁场

在激烈的电磁搅拌过程中实现了均匀温度场及液-固界面的溶质场，降低成分过冷。毛卫民教授[58]研究了 $AlSi_7Mg$ 合金等温电磁搅拌和连续凝固电磁搅拌熔体中的温度分布，发现在低温度梯度或外加磁场下，可增加 α-Al 的形核位置及数量，同时细化一次与二次枝晶臂。计算得出液相相对运动速率达到 1.46 m/s 时熔体枝晶才能发生塑性弯曲，认为 α-Al 的二次枝晶臂熔断是重要的非枝晶化和晶粒细化机制。Lu 等人[59]对 Al-Si 合金凝固过程施加电磁搅拌，发现磁感应强度为 21 mT 时，初生 Si 相大量聚集，如图 1-7 所示，认为电磁搅拌引起的离心

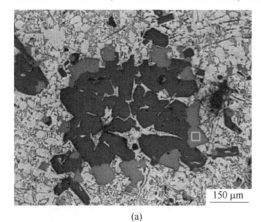
150 μm
(a)

150 μm
(b)

图 1-7 不同搅拌磁场条件下过共晶铝硅合金的微观组织[59]

（a）磁感应强度为 21 mT 时初生硅的偏聚；（b）磁感应强度为 4 mT 时初生硅均匀分布

力驱使不同密度颗粒移动聚集，适合的电磁搅拌力是谐波磁场晶粒细化的关键参数。

谐波磁场热处理技术迅猛发展，能够影响多种材料的固态相变过程，通过控制磁场各参数从而改善材料的组织性能。本质上固态相变与凝固相变有异曲同工之处，均是由冶金热力学及动力学控制的，促使体系自发向低 Gibbs 自由能态转变，同样也伴随着形核与长大。由于材料内部各组成相磁性能差异，磁场会影响各组元的 Gibbs 自由能状态，进而影响组织或析出相的形貌、尺寸、相稳定性等。前期研究表明[60]，与传统回火热处理相比，快速感应回火后 X80 钢可析出更为细小弥散的碳化物组织，−40 ℃低温冲击功提高了近 100 J。电磁热处理技术不但提高了生产效率，同时提高了产品质量，但电磁感应加热致使析出相细化的机理有待明确。

1.3　脉冲电磁场在材料制备中的应用

中国学者率先将脉冲电流通入感应线圈，利用产生的脉冲磁场对凝固组织进行处理，发现脉冲磁场在材料制备中具有良好的组织改善效果。由于脉冲磁场可以产生较大的 $\partial \boldsymbol{B} / \partial t$，这种间歇的非接触式高能渗入对凝固结构有较强的冲击效应。与稳恒直流磁场相比，脉冲磁场的脉宽是毫秒或微秒级，更容易获得较高的磁感应强度，因此该技术被视为当今最有前途的材料处理技术之一。

相关领域学者对脉冲磁场下金属凝固行为进行了探索性研究。东北大学 Hua 等人[65]在脉冲线圈内侧设置一圈永磁体以增加磁场强度，认为电磁脉冲频率在 3.9 Hz 和 6.8 Hz 时，Sn-Pb 合金熔体表面产生共振，能增强对体系的扰动，达到最优的凝固组织细化效果；但在频率为 10~15 Hz 时，由于 Joule 热效应增加，导致凝固组织粗化。Chen 等人[66]开发了脉冲磁场下不稳定流体计算模型，将磁流体方程与瞬态扩散和非稳态 Navier-Stokes 等式耦合，计算多种导电熔体在脉冲磁特性下的运动行为；结果表明，不断变化的电磁力导致熔体表面波动，在熔体中产生了一对涡流环并在几个脉冲周期内流场趋于稳定，如图 1-8 所示，但该模型仍然无法直接应用于微米尺度下的磁流体运动问题的研究，枝晶间微细磁流体模型须进一步研究。

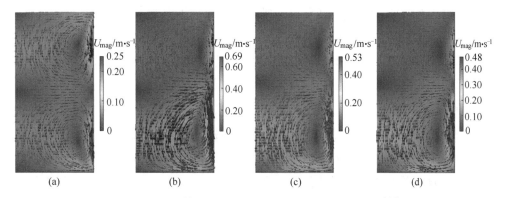

图 1-8 纯铁熔体在脉冲电磁场下不同时刻的速度矢量[63]

(a) t=0.45 s; (b) t=0.80 s; (c) t=3.05 s; (d) t=3.10 s

图 1-8 彩图

牛津大学 Liotti 等人[67]利用 X 射线同步辐射定向凝固技术清晰地展现了脉冲磁场作用下 Al-15Cu 熔体树枝晶形貌变化规律；试验在设置有 7 mm×20 mm×300 μm 结晶器的定向凝固装置中完成，温度梯度控制在 48 K/mm。对内部熔体施加 0.1 T 的脉冲磁场，频率为 1 Hz，通过计算得出枝晶受到的电磁力 F_L = ± 0.3 mN。图 1-9 为全部枝晶生长及断裂过程，脉冲磁场导致体系内枝晶破碎率提高 4.5 倍。Liotti 认为，初始枝晶和二次枝晶尖端在高固相区对液相流的敏感性较其他区域更强，熔体在一次和二次枝晶间隙感应运动是导致枝晶破碎率增加的主要因素，而电磁力对枝晶的作用并非主要。脉冲磁场作用下，金属熔体的流场具有上下、里外分布不对称和总体分布不均的特点，而且这种趋势还随着脉冲磁感应强度的增强而加剧。在线圈两个端部附近，熔体的流动速度最大、方向混乱，形成很强的紊流。同时，脉冲磁场作用下熔体形成很强的冲击力和惯性力是有别于其他磁场作用的基本特征，在这种特殊的流场状态下枝晶熔断机理基本可以被认可。

高强脉冲磁场虽然可以通过引入强大的间歇式电磁力来细化凝固组织，但会引起熔体剧烈运动，破坏金属自由界面的稳定性，甚至导致熔体飞溅、卷渣等问题[68]，我国科学家正致力于将脉冲电磁场工业化应用的相关研究。中国科学院杨院生教授[69]为了适用于工业生产，采用低压脉冲形式进行工艺调整，电压降低至 100 V、频率 5 Hz 对 Al-Cu 合金进行脉冲处理，同时，添加金属拦网对晶核源探索，得出以下结论：（1）在形核阶段进行脉冲磁场处理对晶粒细化效果更明显；（2）在脉冲处理时，增加了同晶转变的概率，降低了再辉率；（3）形核过程是体系内自发进行，而并非枝晶脱落。大连理工大学李挺举教授[70]探讨了脉冲磁场与异质处理共同作用的组织细化行为，在施加脉冲磁场的基础上向纯铝熔体加入 0.05% 的 Al-5Ti-B，可获得更为细小、均匀的等轴晶。上海大学翟启杰等人[71]对比研究低熔点纯铝与高熔点合金在脉冲磁场中的组织变化异同，发现纯铝在 0.51 T 处理能获得大量等轴晶，而高温合金 1Cr18Ni9Ti 在 1.35 T 脉冲磁场下只能获得较细的柱状晶；研究认为，凝固初期高熔点合金拥有更大的过冷度并在自由表面形成致密的激冷层，磁场很难穿透并导致细化效果变差；此外，高熔点合金体系具有更大的混乱程度，温度对原子结构的有序排列远远大于磁化能的影响。

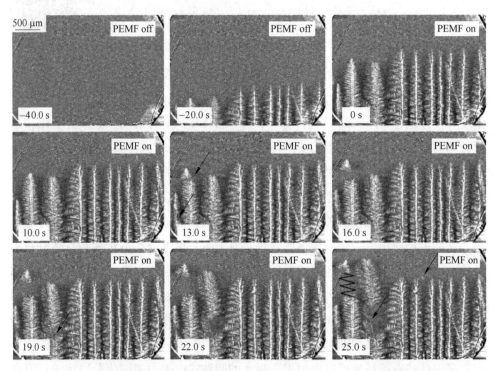

图 1-9　同步辐射法观察电磁脉冲对 Al-15Cu 合金枝晶断裂过程[67]

目前，脉冲电磁场下金属熔体凝固组织细化机理众说纷纭，主要有：(1) 脉冲电磁力导致枝晶脱落形成结晶细化组织；(2) 熔体流动导致枝晶根部熔断形成形核质点；(3) 脉冲电磁场导致凝固热力学条件改变，利于形核。但上述观点均未阐明电磁脉冲的本质特点，也就是瞬态高能效应对体系的影响，所以也应从能量方面加以考虑。

2　电磁场理论概述及其数值模拟方法

2.1　麦克斯韦电磁场理论体系的哲学美

在物理学中，电磁学拥有最美的理论公式，也是应用最成功的分支之一。电磁理论作为第二次工业革命的基础得到快速发展，在当今信息时代，研究电磁现象在工程中的应用意义重大。除了麦克斯韦方程形式简单、方程对称外，体现其哲学美的原因有三点：

第一，电磁现象在自然界中极其重要。物质由分子、原子组成，原子又由带正、负电荷的原子核与电子构成，电子围绕原子核不断运动，这就形成了物质的基本组成形式——电磁结构。麦克斯韦提出光的传播也是一种电磁现象，对这一自然现象的理解不需要非常强的光学知识，用电磁学推广到光的某些现象具有统一性。对光学的研究实质是电磁学的一种研究方法和应用，光学的本源是电磁学。例如：太阳光本来没有颜色，当它与物质相互作用时，呈现出五彩斑斓的世界。把光看成是频率在某一范围的电磁波，便可以解释光的传播、干涉、衍射、散射、偏振等现象以及相互作用规律。我们看到树叶是绿色的，这是由于树叶中叶绿素的特殊物质结构，对其他颜色波长的光线吸收能力较强，而绝大多数绿光被反射到眼球，这促使我们探索不同结构、组成的物质与电磁波之间的相互作用。

第二，电磁理论基础的坚实性。自然界中最基本的本源是简单的，而可供人们加以利用的实质是本源的表现形式，表现形式是复杂的；否则自然界就会变得非常呆板，就不是形形色色的自然，所以认识自然的"简单"与"复杂"是统一的。将本源的简单或者复杂统一到一起，自然界才是既可认识又丰富多彩。自然界中的哲学观或在哲学层面的公理性一直到科学层面上的守恒定理，在电磁场理论中表现得淋漓尽致。19世纪初，一方面，人们发现各种自然现象之间有其内在的关联性；另一方面，在法国古典哲学关于自然界统一思想的影响下，部分自然科学家开始寻求电与磁的联系，在科学与美学的融合中不断升华，深刻了人们对电、磁的认识，同时也在充实和完善着科学家们自己的物理美学理念。在这一漫长的认识过程中，科学家们逐渐建立了相当完备的电和磁理论，为完成电磁的统一扫清了主要的障碍，最终使得自然界如此复杂的现象用一些最基本的方程来描述。与力学研究体系截然不同，有些自然现象用牛顿力学解释不通，可以运用相对论描述；研究对象尺度过小，可以运用量子理论。但到目前为止，没有对任何电磁现象的解释跨越经典电磁理论的范畴，所以电磁场的理论和数值计算是反映科学准确性最好的领域。

第三，电磁场的应用面广，不仅在自然界中，在工程中用到的也非常多。掌握了电磁场传播理论、电磁和物质的相互作用，扩大了整个研究领域范围，现今电磁场在冶金行业运用的典范应属于电磁搅拌技术。电磁搅拌的实质就是借助在铸坯的液相穴内感生电磁力强化液相穴内钢水的运动，由此强化金属熔体的对流、传热和传质过程，从而控制铸坯的凝固过程。例如钢铁连铸凝固过程，连铸坯液相穴内钢水对流运动对消除过热度、改善铸坯凝固组织和成分偏析等有重大影响。而钢水流动的驱动力来自铸流的动能和外力，前者与浇铸方式有关，后者则可以在液相穴的任何位置上外加电磁力即使用电磁搅拌，而后者对铸锭质量的影响要远甚于前者。该技术另一核心问题是电磁搅拌器放置位置问题。连铸过程中的铸坯拉速、浇铸温度、结晶器和二冷区冷却条件都是影响铸坯凝固的关键因素。如果将电磁力施加到液相线以上较高温度的熔体时，虽然溶质元素被更均匀混合搅拌，但当冷却凝固时合金熔体由于"成分过冷"依然会产生偏析，通过增加凝固末端电磁搅拌技术可明显改善上述情况。在凝固末端未凝固的液芯施加电磁力后，钢水流场对不能流动的凝固前沿（两相区）进行扰动，这种扰动影响了凝固前沿的温度和溶质浓度场。液-固两相区虽然黏度较大，无法获得较高的搅拌速度，仍可打破部分枝晶网络，减少"搭桥"。通过电磁搅拌技术引出了另一个值得关注的课题，这就是电磁材料加工技术。解释究竟用多大电磁力可以破碎枝晶前沿，这也是该技术面临的最大难题，而电磁力是人们已熟练掌握的一个既能改变大小又能改变方向的作用力。例如，想要通过改变燃烧火焰的形状方向等来控制火焰，就要从燃烧器出口条件或入口条件改变，但在火焰喷射过程中加一个无形的力来改变物质的状态或实现火焰的控制是一个新颖的课题。如果形成燃烧火焰的粒子本身有电磁效应，则外加磁场对火焰束的作用不可小觑。近期法国科学家尝试利用电磁场来提升等离子体温度及控制等离子体束的方向并初步取得成功，如图2-1所示。

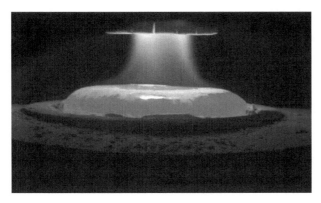

图 2-1 电磁超高温等离子火焰

（引自法国 SIMAP/EPM 实验室网站）

可控等离子体束可产生 10000 K 高温，通过改变冶金热力学过程来调控反应速率。利用电磁技术也可以控制熔体的传输过程，图 2-2 展示了电磁场改变金属

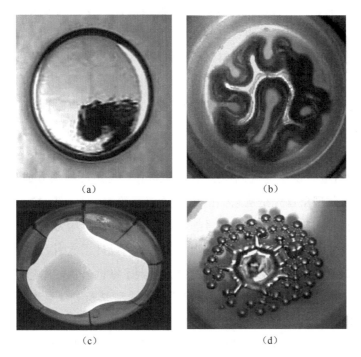

（a）　　　　　　　　　（b）

（c）　　　　　　　　　（d）

图 2-2 电磁控制液态金属形态

（引自法国 SIMAP/EPM 实验室网站）

（a）环状；（b）连续状；（c）悬浮熔炼炉中金属形态；（d）乳化状

熔体的形态，通过改变冶金过程中金属熔体比表面积来控制传输过程。图 2-2 (c) 为悬浮熔炼炉，通过电磁场产生的电磁力将金属熔体悬浮于空中，不与坩埚接触以获得高洁净度的熔炼方法，该技术几乎阻断了坩埚与熔体的传质现象。图 2-2 (d) 为电磁场将金属熔体"乳化"现象，通过利用电磁场产生的电磁力将大熔体分散成数颗小熔珠，以增加界面反应表面积，促进熔体界面反应的传质过程。电磁技术在冶金、物理、信息通信等领域应用广泛，但如何充分认识电磁场的本源，如何采用正确的电磁场形式处理正确的科学问题仍需深入探究。

2.2　电磁场理论的发展过程

在远古时期，人们对电磁现象有了非常多的认识。在公元前 585 年，希腊哲学家泰勒斯（Thales）发现摩擦玻璃棒和琥珀时能产生带电现象，而人类对光现象认识就更早了，人们开始在思考是如何看见颜色等问题。早在我国商晚期的甲骨文中就有"电、雷、磁"三个字，这是我国留存至今对电磁现象最早的文字记载。直到作为我国四大发明之一的指南针出现，人们逐渐开始对如何更好利用地磁现象生产进行思考。虽然当时对指南针原理认识不透彻，但至少有意识应用磁现象。因此，电磁理论是在不断发现与认识中逐步形成的。

随着第一次、第二次工业革命席卷欧洲，加速了近代电磁理论形成完整的科学体系，这一过程经历了以下几个阶段：

（1）库仑（C. A. Coulomb）与毕奥-萨伐尔（Jean-Baptiste Biot 与 Félix Savart）定律对电磁现象定量地描述并证明两个"与距离的平方成反比"定律。人们注意到电磁现象首先是从它们的力学效应开始的。库仑在 1785 年设计了精巧的扭秤实验，直接测量得出两同号静止点电荷之间的排斥力与其距离的平方成反比。关于两异号静止点电荷之间的吸引力，库仑设计了电引力单摆试验，得出电引力也与距离的平方成反比，库仑的试验得到了举世公认。库仑定律成为电磁学中第一个基本定律，从此电学的研究开始进入科学行列。受奥斯特实验的启发，在 1820 年下半年，一系列相关实验喷涌而出，发现了许多新的现象和联系。法国科学家毕奥-萨伐尔为了寻找任意电流元对磁极作用力的定量规律，需要确定任意电流源对磁极作用力的方向以及作用力的大小与哪些因素有关、是什么关系。首先对奥斯特实验做了认真的分析，实验表明，长直载流导线与之平行放置的磁针受力偏转，这是磁针的两磁极受到两个大小相等、方向相反作用力的结果，长直载流导线对磁极的作用力是横向力。为了揭示电流对磁极作用力的普遍定量规律，毕奥-萨伐尔认为电流元对磁极的作用力也应垂直于电流元与磁极构成的平面，即也是横向力。他们通过长直和弯折载流导线对磁极作用力的实验，得出了作用力与距离和弯折角的关系。在拉普拉斯的帮助下，经过适当的分析，得到了电流元对磁极作用力的规律。根据近距作用观点，它现在被理解为电流元产生磁场的规律。几乎同一时期，安培提出的科研课题是"寻找任意两电流元之间作用力的定量规律"。显然，这一规律的发现，将为种种磁作用以及物质的磁性提供统一的解释，从而为磁学的发展奠定实验基础，但最重要的贡献是把磁现象归结为电流即运动电荷，从本质上揭示了电现象与磁现象的内在联系。

（2）欧姆对导体内电流的传导认识。1826 年，欧姆（G. S. Ohm）受到傅里叶（J. B. J. Fourier）关于固体中热传导理论的启发，认为电的传导和热的传导很相似，电流好像热流，电源的作用好像热传导中的温差。欧姆把电流磁效应和库仑扭秤相结合，设计了一个电流扭秤，解决测量电流强度的难题。欧姆的实验是将一根铋棒的两端分别与两根镀铜铁线相连构成回路，两端分别插入盛有冰雪和沸水的容器中，构成温差电偶的两极，回路中产生稳定的电流。当铜线中有电流通过时，与之平行放置的磁针受力偏转，由与磁针悬线相连接的扭秤测出的偏转角度就是电流强度。之后欧姆又通过实验的方法描绘了导电性能的介质方程，即欧姆定律。1848 年，基尔霍夫（G. R. Kirchhoff）在欧姆实验的基础之上把电路中间的电阻、电压和电流之间的关系统一归结为基尔霍夫定律。从能量角度澄清了电势差、电动势、电流强度等概念，使得欧姆定律与静电学概念协调起来。

（3）法拉第（M. Faraday）是一位具有深刻物理思想的实验物理学家，发现了电磁感应现象并证明了"电磁同源"。19 世纪以前，人们普遍认同吉尔伯特的观点，认为电和磁是不相关的。直到磁效应的发现，电与磁的研究才如雨后春笋般成长起来，很多物理学家改变了自己原来的研究而投向电磁研究，从而取得了一个又一个研究成果，推动认识世界的本质。1831 年，法拉第归纳了产生感应电流的各种条件，提出了感应电动势的概念。他指出了"形成电流的力正比于切割的磁力线数"，立即领悟到，与恒定状态呈现的电流磁效应不同，这是一种非恒定的暂态效应，感应电流只有在电流或磁铁变化、运动的过程中才出现。他首先提出并倡导物理学中场的观点。法拉第认为，带电体以及电流或者磁体的周围空间存在着某种特殊的状态，他用电力线和磁力线来描述这种状态。同时他也认为，力线或者场是独立存在的另一种物质，弥散在空间，并把相反的电荷和相反的磁极联系起来，电力和磁力并非超越空间的超距作用，而是以电力线和磁力线为媒介物传递的近距作用。

　　(4) 麦克斯韦 (J. C. Maxwell) 继承并发展了法拉第的这些思想，仿照流体力学中的方法，采用严格的数学形式进一步揭示了电场与磁场的内在联系并给予定量表述。他建立了以麦克斯韦方程为标志的电磁场理论，做出了电磁波的预言，实现了光和电磁的大统一，完成了 19 世纪物理学最伟大的成就。麦克斯韦在提出电磁理论时，给出的描述电场和磁场特性的方程并不是 4 个而是 20 个，在麦克斯韦去世 20 年后，才由英国的赫维赛德 (O. Heaviside) 和德国的赫兹 (H. R. Hertz) 将麦克斯韦方程组简化为 4 个方程，这 4 个方程分别被称为高斯电场定律、高斯磁场定律、法拉第定律和安培-麦克斯韦定律，这四条定律就是今天所公认的麦克斯韦方程组。在方程中麦克斯韦对安培环路定律补充了位移电流的作用，他认为位移电流也能产生磁场。根据这组方程，麦克斯韦还导出了场的传播是需要时间的，其传播速度为有限数值并等于光速，从而断定电磁波与光波有共同属性，预见到存在电磁辐射现象。静电场、恒定磁场及导体中的恒定电流的电场，也包括在麦克斯韦方程中，只是作为不随时间变化的特例。1887 年，德国物理学家赫兹根据电容器放电的振荡性质设计了电磁波的发射器和接收器，实现了电磁波的发射和接收，证明了电磁波在空间场中的传播。进而，赫兹做了电磁波的直线行进和聚焦、反射、折射、形成驻波并测量电磁波的传播速度、衍射、偏振等一系列实验，证实了电磁波与电波具有相同性质。

　　19 世纪末，荷兰物理学家洛伦兹 (H. A. Lorentz) 经过综合、深化、发展，创立了经典电子论，把经典电磁理论推向顶峰。洛伦兹将麦克斯韦电磁场方程应用到微观领域，并把物质的电磁性质归结为原子中电子的效应；这样不仅可以解释物质的极化、磁化、导电等现象以及物质对光的反射、折射和三色现象，而且还成功地说明了关于光谱线在磁场中分裂的正常塞曼 (P. Zeeman) 效应，从而开拓出新的研究方向，即电磁辐射及电磁波与物质的相互作用。

　　有很多微观宏观现象可以用电磁效应解释，无线电波是运动的电子发射出来的；最短波长的 γ 射线、α 射线的产生是由于外界一个电子撞击一个原子的内层电子上，内层电子被激发，而当能量态恢复到稳定态时发出射线；可见光是核外层电子从一能量态跳到另一能量态中发出的能量；红外线是由于微团能量的不稳定引起高能态向低能态跃迁并释放出能量产生的。所以，自从洛伦兹提出电子论以后，核发射或者核辐射现象（除紫外线以外）都被概括了，不论电磁波如何发射、如何传播、怎样运动都符合麦克斯韦方程。

　　直到 19 世纪下半叶，电磁场理论现已成为非常完备的理论，完美地实现了电、磁的统一，电磁场理论发展历程如图 2-3 所示。可以说麦克斯韦创造性的杰作，不仅是其自身天才的成就，也是前人物理思想的结晶。他从别人解决物理学与美学的冲突成败中汲取了丰富的营养，完善和发展了他们的理论而凝聚成麦克斯韦方程组。

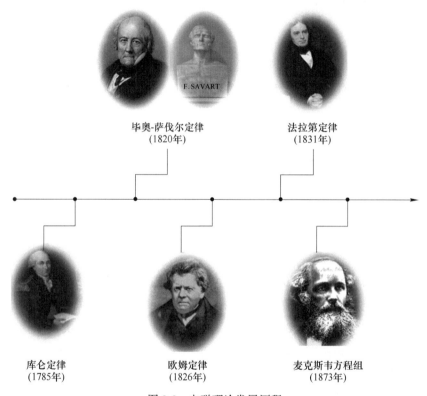

毕奥-萨伐尔定律
(1820年)

法拉第定律
(1831年)

库仑定律
(1785年)

欧姆定律
(1826年)

麦克斯韦方程组
(1873年)

图 2-3　电磁理论发展历程

　　电场强度是描述某一个场，带电电荷的周围产生的场。近距离作用观点认为，电荷在其周围的空间激发电场，电场的基本性质是能够给予其中的任何其他电荷以电场力，电荷与电荷之间的相互作用是以电场为媒介物传递的。电场的这一基本性质，为定量地描绘、检测、比较各种电场提供了依据。为此，在电场中引入试探电荷 q_0，它将受到电场 E 的作用力 F。引入电场强度矢量的概念来描绘电场，用 E 表示，则定义为：

$$E = \frac{F}{q_0} \tag{2-1}$$

电场中某点的电场强度是一个矢量，其大小等于单位电荷在该点所受电场力的大小，其方向与正电荷受电场力的方向一致，电场强度的单位是 N/C。

同理，磁感应强度是表述磁场强弱和方向的物理量，是矢量，常用符号 B 表示，国际通用单位为特斯拉（符号为 T）。磁感应强度具有与电场强度相对应的表达形式，反映了闭合回路中取电流元 $I\,\mathrm{d}l$ 在磁场中的受力，被定义为：

$$B = \frac{F}{I\,\mathrm{d}l} \tag{2-2}$$

磁感应强度也被称为磁通量密度或磁通密度。在物理学中磁场的强弱采用磁感应强度来表示，磁感应强度越大表示磁感应越强，磁感应强度越小表示磁感应越弱。

另外，法拉第发现电磁的同源性，它将电场与磁场的相关定律联系起来，所以认为它也是电磁理论的基础认识。法拉第电磁感应定律的哲学观点是简单的，如果没有它，电和磁就被认为是两种现象。

2.3 麦克斯韦方程组

麦克斯韦方程组是假设美学中的要素，这样建立麦克斯韦方程组的基础要素已经初步形成，要素包括：库仑定律、电荷守恒定律、毕奥-萨伐尔定律、安培定律、法拉第电磁感应定律。其中，库仑、毕奥-萨伐尔定律是美学和简单学的最美形式，电量守恒是美学原理的一个体现，法拉第电磁感应定律是简单原理的应用。在当时，某些特定条件下电磁规律是符合实验结果的，但不具有普遍性。通过考虑坐标系变换下的某些形式不变性，麦克斯韦引入位移电流概念，在以上基础定律上得到麦克斯韦方程组。它完全说明了电场与磁场的空间转换关系，所以美和简单是电磁场理论的具体表现。

麦克斯韦以电磁场为研究对象，以建立电磁场的动力学理论为目标，揭示了电磁场的内在联系，描绘电磁场的运动变化规律并涉及电磁场在介质中传播的电磁性质。麦克斯韦方程组是在之前基础上得出的必然结果。时变条件下的麦克斯韦方程组乃是由四个方程共同组成的，在真空中的微分形式为：

法拉第定律： $$\nabla \times E = -\frac{\partial B}{\partial t} \tag{2-3}$$

安培-麦克斯韦定律：　　　$\nabla \times \boldsymbol{B} = \mu_0 \boldsymbol{J} + \mu_0 \varepsilon_0 \dfrac{\partial \boldsymbol{E}}{\partial t}$　　　　　　(2-4)

高斯电场定律：　　　　　$\nabla \cdot \boldsymbol{E} = \dfrac{\rho}{\varepsilon_0}$　　　　　　　(2-5)

高斯磁场定律：　　　　　$\nabla \cdot \boldsymbol{B} = 0$　　　　　　　(2-6)

式中，ε_0、μ_0 分别为真空介电常数和真空磁导率；ρ、$\boldsymbol{J}$ 分别为电荷密度和电流密度。

真空是在给定的空间内低于 1 atm（101.325 kPa）的气体状态，是一种假象的、无介质存在物理现象。在"虚空"中，声音因为没有介质而无法传递，但电磁波的传递却不受真空的影响。在本研究中，暂且不考虑电磁场与物质的相互作用关系，单纯考虑电磁场的形成与传输原理。而实际介质中的麦克斯韦方程组涉及电磁强度 $\boldsymbol{E}$、电位移矢量 $\boldsymbol{D}$、磁感应强度 $\boldsymbol{B}$、磁场强度 $\boldsymbol{H}$、电量 q、电流 I、介电常数 ε，以及磁导率 μ。这个方程组既可以定量地解释一些已经观察到的电磁现象，又可以定量地预测许多未知的和尚待发现的电磁现象，从理论计算与实验结果的比较中已经确定这个理论的准确与价值地位。

2.3.1　法拉第定律

1831 年，法拉第设计了一系列划时代的试验，证明了回路围绕的磁通量变化会产生电流，这个发现扩展成更一般化的形式后对生活和生产产生了重大影响。简单地可将法拉第定律进一步描述为随时间变化的磁场产生环绕的电场，如图 2-4 所示。其微分表达式见式（2-3），"$\nabla \times \boldsymbol{E}$"表示感生电场的旋度，产生的感生电场是有旋度的电场，这是区分静电场的一个重要特征。存在变化磁场的地方就会感生出环绕电场，而感生电场没有起点与终点，它们不断循环并绕回自身，导致感生电场有旋度，这与点电荷产生的电场不同。"$\dfrac{\partial \boldsymbol{B}}{\partial t}$"表示随时间变化的磁场，但在实际研究中用假设垂直穿过单位面积 S 的磁通量，也就是磁感应强度 $\boldsymbol{B}$ 来定义磁场的大小，这项也表示垂直穿过单位面积 S 的磁通量随时间的变化率。"–"富含了深刻的物理内涵，直观地体现了楞次定律。1834 年，俄国物理学家楞次（H. F. E. Lenz，1804—1865 年）在概括了大量实验事实的基础上，总结出一条判断感应电流方向的规律，称为楞次定律（Lenz law）。简单地说就是"来拒去留"的规律，这就是楞次定律的主要内容，楞次定律是一条电磁学的定律，可以用来判断由电磁感应而产生的电动势的方向。

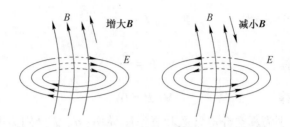

图 2-4　变化的磁感应强度产生空间环绕的电场

在图 2-5 中反映了法拉第定律的实质内涵，磁铁受重力作用在塑料管中自由下落，塑料管中部缠绕线圈，线圈两端与灯珠相连构成闭合回路。当磁铁下落进入、离开线圈时，在线圈径向截面的磁感应强度随时间发生变化，在周围的闭合回路中形成电流，从而灯珠被点亮。在这一过程中发生能量转换：重力势能通过磁场变化转换为电能，最终转换为光能。

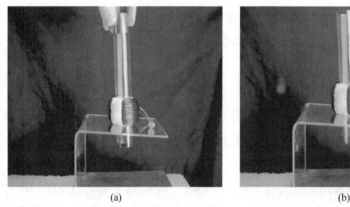

(a)　　　　　　　　　　　　　　　　(b)

图 2-5　下落的磁铁导致线圈产生感生电流而点亮灯珠

(a) 磁铁下落前；(b) 磁铁通过线圈

2.3.2　安培-麦克斯韦定律

1820 年，法国物理学家安培在得知丹麦的奥斯特发现了电流可以让指南针偏转的几天后，就着手将电流和磁场的关系量化。18 世纪 50 年代，当麦克斯韦开始他的研究时，将恒定电流和环形磁场关联到一起的安培定律已被人们熟知。但是，安培定律只适用于恒定电流下的静态磁场。麦克斯韦将变化的电场所引起的磁场加进来，从而将安培定律扩展到了时变情形。证实安培-麦克斯韦方程中出现的这一项让麦克斯韦认识到了光的电磁本质，并发展出了综合的理论。安培-麦克斯韦定律描述了电流和随时间变化的电场会产生环绕的磁场，其微分表达式见式（2-4），方程的左边是磁场旋度的数学描述，也就是磁场围绕一点旋转的趋势；右边的两项表示电流密度和电场随时间的变化率。无论是某点产生电流还是变化的电场，都会绕其自身形成连续的磁场环路。而所有绕回其自身的场都至少有一处磁场的路径积分不为零，即都有旋度，也就是说，旋度不为零的位置位于有电流流动或者是电场变化的地方。

$\mu_0 \varepsilon_0 \dfrac{\partial E}{\partial t}$ 是麦克斯韦的假设，如果变化的电场不产生磁场而变化的磁场产生电场，则方程在洛伦兹变换下无法保持形式不变性（洛伦兹变换：不同惯性系中的物理定律必须在洛伦兹变换下保持形式不变。在相对论以前，洛伦兹从存在绝对静止以太的观念出发，考虑物体运动发生收缩的物质过程得出洛伦兹变换。在洛伦兹理论中，变换所引入的量仅仅看作是数学上的辅助手段，并不包含相对论的时空观）。美学规定的协变、不变性也要求在不同坐标系上形式的同一性。例如：发动机的电磁现象在地球上研究服从电磁理论，而在月球上也要服从电磁理论，施加电流和扭矩之间关系的形式要完全一样，这就是协变性的要求。

2.3.3 高斯电场定律

在麦克斯韦方程中，我们会遇到两种形式的电场，即：由点电荷产生的静电场和由变化的磁场产生的感应电场，后者在法拉第定律中已经介绍了。高斯电场定律是描述静电场的，这个定律把静电场的空间行为和产生静电场的电荷分布联系起来。高斯电场定律有很多种表达方式，其通用的微分形式一般可写成式（2-5）。方程式的左边是电场散度的数学描述，表示电场从指定位置"流走"的趋势；右边是电荷密度与真空介电常数的比值。可以简单地描述为电荷产生的电场从正电荷处散开而汇聚到负电荷处。换句话说，电场散度不为零的地方肯定是电荷存在的地方。高斯电场定律的微分形式在电磁场理论中有重要作用。如果有任何已知的、特定空间变化的电场矢量，通过该式可以求出该位置的体积电荷密度。如果体积电荷密度已知，就可以确定电场的散度。

再次说明，法拉第定律与高斯电场定律中的"电场"对电荷的作用效果类似，但形式上很不一样。两种电场都能让电荷运动，单位相同，而且也可以用场线表示。高斯电场定律说明了静电场是有源场，它的散度不为零。它将静电场的空间特性与产生电场的电荷分布关联起来，这样的场不会绕回它自身。如果要将路径闭合回正电荷，路径的一部分必须逆着电场线，沿着这样的路径走一圈电场作用为零，也就说明了电偶极子与所有静电场一样没有旋度。而法拉第定律产生的感生电场线形成环路电场，散度为零。

式（2-5）中右边的"ρ"是被无限小体积包围的电荷密度。继续了解上面描述的通量的概念，就应该很清楚为什么高斯定律的右边只与被无限小体积包围的电荷有关，也就是电场通量被确定的封闭表面内的电荷。在包围电荷的无限小体积外存在不包围电荷的闭合曲面，此时电荷会产生等量的流入通量和流出通量，所以净通量贡献一定是零。如何确定一个表面所包含的电荷？在某些问题中，可以自由选择一个围绕已知电荷量的表面，所选择的曲面包围的总电荷数很容易从几何的角度来确定。对于包含在任意形状表面上的多个离散电荷的问题，求总电荷量只是简单地将单个电荷相加：

$$总电荷 = \sum_i q_i \tag{2-7}$$

虽然在物理和工程问题中可能会出现少量的离散电荷，在现实世界中更有可能遇到带电的物体，数十亿个载流电子排列在导线上、散落在物体表面上或者充满整个体积中。在这种情况下，计算单个电荷的电场是不实际的，但如果知道电荷密度就可以确定总电荷量。电荷密度可以在一维、二维或三维空间中指定。如果这些电荷在长度、面或体上是均匀不变的，那么求封闭电荷只需要做一次乘法：

$$一维：\qquad\qquad q = \lambda L \tag{2-8}$$

$$二维：\qquad\qquad q = \sigma A \tag{2-9}$$

$$三维：\qquad\qquad q = \rho V \tag{2-10}$$

式中，λ、σ、ρ 分别为电荷线密度、面密度、体密度，单位为 C/m、C/m²、C/m³；L、A、V 分别为线、面、体电荷载体的长度、面积、体积。

应该注意到：在高斯定律中产生电场的电荷是总电荷，包括自由电荷和束缚电荷。一旦确定了包含电荷闭合曲面的尺寸和形状，简单地用总电荷除以 ε_0，就很容易得到通过该曲面的电场的散度或电通量。

2.3.4 高斯磁场定律

高斯磁场定律与高斯电场定律形式相似，但内容不同。两者的微分形式均指定了电场在某一点上的散度；两者的区别关键在于相反的电荷（称为"正"和

"负"电荷）可能单独出现，而相反的磁极（称为"N极"和"S极"）总是成对出现。自然界中明显缺乏孤立的磁极，这对磁通量的行为和磁场的散度有深远的影响。由于磁场线具有连续性使得磁场的高斯定律的微分形式非常简单，见式（2-6）。这个方程式的左边是磁场散度的数学描述，代表某点处磁感线流入强于流出的趋势，而右边仅仅是零，也就是说这种趋势为零。高斯磁场定律的主要思想是磁场的散度处处为零。我们可以类比电场，任意位置的散度都正比于该位置的电荷密度。因为至今尚未发现磁单极，不可能出现只有N极没有S极的现象，所以"磁荷密度"必须处处为零，这意味着磁场的散度也必须是零。该式说明了磁场是无源的。磁场的源是在公式右边表现出来。

有科学家正在寻找磁单极子，如果发现磁单极子存在，则证明磁场是有源场。但从美学哲学中认为磁单极子不存在，如果磁单极子存在会引出两个问题：（1）电场和磁场本源的同一性被破坏。这样就让我们思考磁单极子的物理属性，如果命名磁单极子为"磁荷"，则它是由什么组成、它和电荷之间的关系、质量是多少等。当前麦克斯韦理论的电磁同源说认为电磁效应都是由电性质产生的，建立的方程组非常完美，它整合了物质自身的基本属性。（2）电磁本身是由电场产生，只是研究对象所在坐标系不同。例如：当电荷保持静止时，所观察到的场叫电场；当电荷运动的时候，所观察到的是磁场。当把空间电荷作为参照物时，它静止不动，产生静电场。当把空间体系作为参照物时，电荷做相对运动的时候，它产生的是磁场。所以，只是观察同一物理现象时所在的坐标系不同得到的结论也不同。

2.4 介质中的控制方程

在介绍麦克斯韦方程组时，我们没有具体说明方程组中的电荷和电流密度存在形式。在方程组的源项中，不管是有源电场中的 q 还是感应电场中的电流密度都是所研究空间区域内电磁场中的总电荷和总电流密度。但对于介质来说这将很复杂。电磁场与介质的相互作用是一直存在的，不论介质是绝缘体，还是导体。电磁波在绝对导体中传播的研究相对简单，如果研究对象为非绝对导体，则相应的电磁波传播方程有少许变化，不能完全套用。前面讨论的麦克斯韦方程组既可以用于真空中也可以用于在物质中的电磁场。但在计算物质中电磁场的时候要注意以下几点，或者形式要进行改变以便于理解：（1）高斯电场定律中的电荷密度既包括自由电荷也包括束缚电荷；（2）安培-麦克斯韦定律中的电流密度既包括自由电流密度也包括束缚和极化电流密度。本节内容将考虑电磁场在物质中的相互作用，那么高斯磁场定律和法拉第定律呢？由于它们不直接涉及电荷或电流，因此也不需要推导它们适用物质的版本。

2.4.1 绝对导体中的电磁场

在导体中存在大量的自由电荷，电磁波在不带电的导体内部传播时，由于电场与自由电荷相互作用，会使自由电荷重新分布，致使导体内部产生一个反向相等的电场，这个反向电场 E' 和电磁波的正向电场 E_0 在导体内部可以完全抵消，则这种物质就是绝对导体。在导体内部的总电场 E 应是外电场与附加电场之和：

$$E = E_0 + E' = 0 \tag{2-11}$$

如：电场在钢、铜等金属内传播电场实际上没有完全被抵消，如图 2-6 所示。

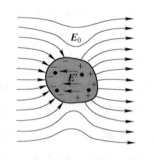

当金属不带电又无外电场时，各处的自由电子数与正离子数相等，宏观上处处电中性达到静电平衡。有外加电场后，自由电子除热运动外，还将在电场力的作用下做某种宏观的定向运动，从而造成某种宏观的电荷分布，使外加电场前的处处电中性遭到破坏并产生附加电场，附加电场与外电场之和为总电场，它

图 2-6 导体中的静电平衡

改变了电场的分布，又将改变自由电子的运动，并造成新的电荷分布和新的附加电场，最终必将达到新的静电平衡状态。如果在施加外加电场前金属就已经带电，则电场之间经过相互影响、相互制约的复杂过程同样会达到静电平衡。可以知道的是：（1）当研究对象为绝对导体在电场中，导体内部的合场强处处为零，达到静电平衡，电场为零。（2）静电平衡导体是等势体，导体表面是等势面。（3）静电平衡导体内不存在宏观的净电荷，也就是说导体内部电荷密度处处为零，电荷只分布在导体表面。（4）静电平衡导体表面外附近空间的场强方向处处与导体表面垂直，场强大小与该处导体表面的面电荷密度成正比，可表示为：

$$E_{外表面} = \frac{\sigma}{\varepsilon_0} \tag{2-12}$$

实践中很多现象可用绝对导体中的电磁场传播规律进行研究。例如，在研究连铸电磁搅拌时，电磁波需要穿过铜结晶器壁来实现对熔体的搅拌，如图 2-7 所示，当感应器产生的电磁波传导至铜结晶器壁一侧时，铜壁内部电荷重新分布，产生的反向电场与外部电场相抵消，而铜壁另一侧被重新分布的电荷产生新的电场，从而产生电磁场对熔体作用。所以在理论计算模拟时，电磁场在铜结晶器壁内是被截断的，如果运用连续电磁场传播方法进行分析计算是有问题的。因此，用静电感应以及静电平衡可以很好地解释电磁波在绝对导体中的传播形式。

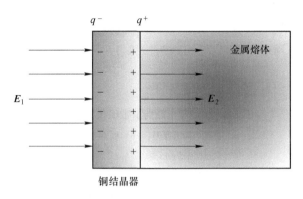

图 2-7 电磁搅拌过程中的电磁场传播形式

在此，进一步说明铜结晶器电磁搅拌的电磁传播过程，利用电磁"软接触"（见图 1-6）作为案例分别对导体（以铜为例）及非导体（以氧化铝为例）结晶器内金属熔体的电磁感应原理进行数值仿真分析。在铝合金的连续凝固过程中，施加特定的交变电场与其在熔体中诱发形成的感生电流之间交互作用产生洛伦兹力。洛伦兹力垂直于结晶器侧壁时对内部熔体产生静压力梯度，形成约束作用，用电磁压力替代了部分的结晶器支撑力，减小了熔体与结晶器间的接触压力和滑动摩擦力，实现了所谓的"软接触"，软接触凝固技术可以改善连铸坯表面和内部的质量。利用有限元方法建立其三维数值模拟模型，如图 2-8（a）所示。模型主要由线圈、结晶器及熔体组成并包裹在空气介质模型中（图中未给出），在模型轴向对称中心选取参考截面用于结果展示。如图 2-8（b）所示，给线圈施加电流密度峰值为 $6.25 \times 10^6 \ A/m^2$ 的逆时针单向变化电流。

根据安培-麦克斯韦定律可知，通电后的螺线管内产生垂直纸面向外并与单向变化电流呈一定相位关系变化的感生磁场，如图 2-9（a）所示。由变化的感生磁场依据法拉第定律在导体结晶器及熔体中产生感生电流，感生电流的方向与加载电流方向相反，这也符合楞次定律。熔体中的感生磁场与其在熔体中诱发形成

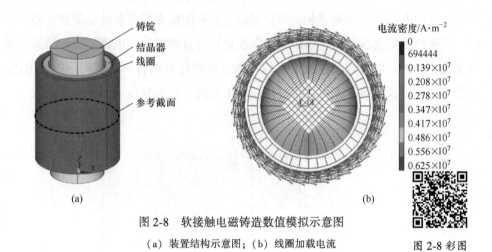

图 2-8 软接触电磁铸造数值模拟示意图

（a）装置结构示意图；（b）线圈加载电流

图 2-8 彩图

的感生电流交互作用产生指向熔体心部的洛伦兹力，实现了"软接触"。图 2-9（c）和（d）分别展示了导体结晶器与非导体结晶器内熔体的感生电流有较大的区别，两者的感应电流密度峰值分别为 758630 A/m² 和 760257 A/m²，在外层熔体中由于趋肤效应形成感应电流最大值，依次向熔体内部递减。由于导体结晶器中存在电阻损耗而非导体结晶器不产生感应电流，导致导体结晶器电流峰值略低。当磁场穿过导体结晶器时会产生一个由感应电流（涡流）形成的磁场与原磁场方向相反导致磁感应强度降低，这种影响与频率和磁感应强度变化率有关。

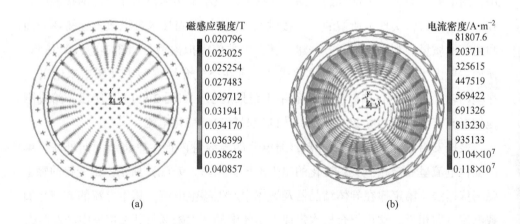

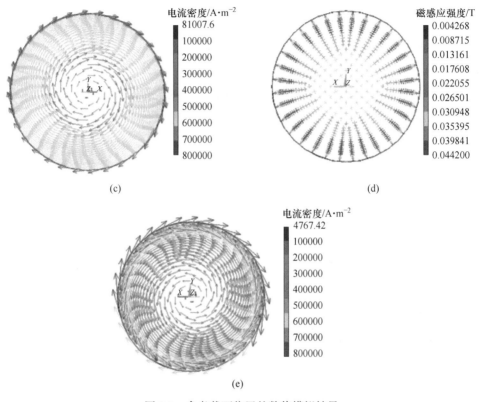

(e)

图 2-9　参考截面位置的数值模拟结果

（a）导体结晶器及熔体中的感应磁场；

（b）导体结晶器及熔体中的感应电流；

（c）导体结晶器中熔体的感应电流（峰值 758630 A/m²）；

（d）非导体结晶器中熔体的感应磁场；

（e）非导体结晶器中熔体的感应电流（峰值 760257 A/m²）

图 2-9 彩图

2.4.2　介质的磁化

对磁性材料施加磁场会感生出"磁化强度"M（每单位体积的磁偶极矩）来增加磁场，这就是铁芯的作用。物质大都是由分子组成的，分子是由原子组成的，原子又是由原子核和电子组成的。而带电粒子总是处于运动之中，其中包括电子自旋、电子绕核运动和原子的自旋运动等。在原子内部，电子绕原子核做圆轨道运动时，带电粒子的运动可以等效为一个小的环电流，被称为"分子电流"。但是在大多数物质中，电子绕核运动的方向各不相同、杂乱无章，磁效应相互抵消。因此，大多数物质在正常情况下，并不呈现磁性。铁、钴、镍或铁氧体等铁磁类物质有所不同，它内部的电子自旋可以在小范围内自发地排列起来，形成一个自发磁化区，这种自发磁化区就叫磁畴。当有外加磁场作用的时候，内部的磁畴整整齐齐、方向一致地排列起来，各磁畴内的分子电流产生的磁场不再相互抵消，而是相互叠加，使磁性加强，就构成磁铁了，这一过程就被称为物质的磁化，如图 2-10 所示。这种电流产生了磁偶极矩：

$$p_m = ia \tag{2-13}$$

式中，i 为分子电流的电流强度；a 为分子电流环绕的面积矢量，大小是环的面积，其方向与分子电流满足右手螺旋关系。

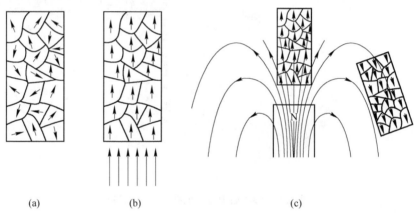

(a)　　　　　　　　(b)　　　　　　　　(c)

图 2-10　介质的磁化

（a）在材料中存在无序排列的磁畴；（b）外加磁场后形成有序排列的磁畴；

（c）材料将在任何方向的外加磁场中被磁化，

在其中产生新的磁极并与相邻外加磁场的磁极异号

图 2-10 彩图

　　在介质中的磁场实质是由两部分组成，自由电流产生的外加磁场和磁介质中分子电流产生的磁场叠加而成。为了衡量介质的磁化程度，磁化强度 M 等于该点分子的平均磁矩：

$$M = Np_m = Nia \tag{2-14}$$

　　对于每单位体积中含有 N 个分子的电介质材料，其单位为 A/m。一般情况下 M 是空间和时间的坐标函数，如果介质内各点处 M 均相同，则磁介质处于均匀磁化状态。

介质磁化引起的宏观电流称为磁化电流，介质磁化对磁场的影响取决于这些磁化电流的分布特征。如图 2-11 所示，在一平面介质内部分子电流相互抵消，代数和为 0，在介质边缘处产生磁化电流 I_m。如图 2-12 所示，在磁介质中任取一闭合回路 C 为周界的曲面 S，考察通过 S 的全部分子电流的代数和即可求出曲面 S 上的磁化电流。如果分子电流环不与考察曲面 S 相交或分子电流环流入流出 S 曲面各一次，对磁化电流的计算都没有贡

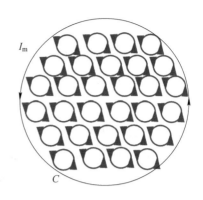

图 2-11 均匀介质内部
没有净磁化电流

献。只有边界线 C 的分子电流流入或者流出 S 曲面，即分子电流环被闭合回路 C 穿过时，对磁化电流才有贡献。因此，只需要确定被边界线穿过的分子电流即可求出磁化电流。

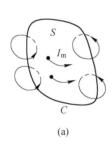
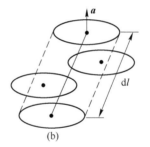

(a)　　　　　　　　　　　(b)

图 2-12 极化电流微元示意图

（a）曲面介质内的分子电流；（b）圆柱单元内的分子电流

在闭合回路 C 上取一段线元 dl 为圆柱轴，以分子电流环 a 为底面的圆柱体，这样形成了体积为 $a \cdot dl$ 的圆柱体，该圆柱体内的分子电流都会被 dl 穿过。在这个圆柱体内分子电流贡献的电流为：

$$dI_m = Nia \cdot dl = \boldsymbol{M} \cdot dl \tag{2-15}$$

则可以得到闭合回路 C 上的线积分：

$$I_m = \oint_C \boldsymbol{M} \cdot dl \tag{2-16}$$

这些分子电流是连续的，可以计算磁化电流密度 $\boldsymbol{J}_m$，这样则有：

$$I_m = \int_S \boldsymbol{J}_m ds = \oint_C \boldsymbol{M} \cdot dl \tag{2-17}$$

从宏观角度来说，利用斯托克斯变化的磁化过程可以被定义为：

$$\int_S \boldsymbol{J}_\mathrm{m} \cdot \mathrm{d}\boldsymbol{s} = \int_S (\nabla \times \boldsymbol{M}) \cdot \mathrm{d}\boldsymbol{s} = \oint_C \boldsymbol{M} \cdot \mathrm{d}l \tag{2-18}$$

不难得出磁化电流密度与磁化强度之间的关系：

$$\boldsymbol{J}_\mathrm{m} = \nabla \times \boldsymbol{M} \tag{2-19}$$

这样，磁化强度的旋度也会产生束缚电流密度，也就是前面的磁化电流密度。总的来说，认为分子电流是连续分布的，其体密度为 $\boldsymbol{J}_\mathrm{m}$。电磁场中的介质产生磁偶极矩，磁偶极矩是由磁化后产生的束缚电流引起的。如果极化介质表面产生的是束缚电荷，那么磁化以后，介质内部相邻的分子电流方向相反，成对出现、相互抵消，不会出现宏观的电流，对于均匀介质磁化时，在介质内部不存在磁化电流分布，有 $\nabla \times \boldsymbol{M} = 0$。但在介质表面上，大量整齐排列的、不成对的、未被抵消的分子电流连缀起来形成了宏观的束缚电流，这样束缚电流在介质内部也会产生有旋的场，在磁性材料中诱导"磁化"（单位体积的磁偶极矩）。

介质内部的电流密度除了有磁化电流密度，另一个来源是极化电流，也就是说当正负电荷中心的相对位移随时间变化时就产生了自由电荷随时间的移动，因为电荷的任何移动都构成电流。此部分内容请查阅介质极化、分子的极性等相关内容，例如：微波加热原理，在此不做过多阐述。极化电流可以表示为：

$$\boldsymbol{J}_P = \frac{\partial \boldsymbol{P}}{\partial t} \tag{2-20}$$

这样，在介质中的电流源项不仅包括自由电流密度，还包括极化电流和束缚电流密度：

$$\boldsymbol{J} = \boldsymbol{J}_f + \boldsymbol{J}_P + \boldsymbol{J}_M \tag{2-21}$$

因此，安培-麦克斯韦方程可以写成：

$$\nabla \times \boldsymbol{B} = \mu_0 \left(\boldsymbol{J}_f + \boldsymbol{J}_P + \boldsymbol{J}_M + \varepsilon_0 \frac{\partial \boldsymbol{E}}{\partial t} \right) \tag{2-22}$$

代入束缚和极化电流的表达式，并除以真空磁导率可以得到：

$$\nabla \times \left(\frac{\boldsymbol{B}}{\mu_0} - \boldsymbol{M} \right) = \boldsymbol{J}_f + \frac{\partial}{\partial t} (\varepsilon_0 \boldsymbol{E} + \boldsymbol{P}) \tag{2-23}$$

等式左边括号中是一个矢量，定义它为一个过渡量，称为磁场强度：

$$\boldsymbol{H} = \frac{\boldsymbol{B}}{\mu_0} - \boldsymbol{M} \tag{2-24}$$

同理，介质的极化中已经定义了电位移矢量 $\boldsymbol{D}$，介质中的安培-麦克斯韦方程变成了：

$$\nabla \times (\boldsymbol{H}) = \boldsymbol{J}_f + \frac{\partial \boldsymbol{D}}{\partial t} \tag{2-25}$$

经过改写的公式除了相差一些系数外，和原本的形式完全一样。磁场强度仅由我们已知的自由电流密度来决定，并与电位移矢量有关系，但是计算结果却是磁场强度 $\boldsymbol{H}$。磁场强度和磁感应强度的内涵意义有所异同。在真空中，磁场强度是正比于磁感应强度且方向相同，比例为真空磁导率。但是介质材料 $\boldsymbol{D}$ 不同于 $\boldsymbol{E}$，在磁介质中 $\boldsymbol{H}$ 也可能与 $\boldsymbol{B}$ 有显著差别。例如，磁场强度不一定是无散的，如果磁化强度有散度，则此处存在散度。磁感应强度 $\boldsymbol{B}$ 是真实物理量，是可测的。而磁场强度本身是没有实际意义的，但与磁感应强度相关、与介质的磁化情况有关。在介质中极化情况反映在 $\boldsymbol{D}$ 中，磁化的情况反映在 $\boldsymbol{H}$ 中，所以介质中的麦克斯韦方程完全可以套用真空中的麦克斯韦方程，但求出的量不是具有实际意义的电场强度 $\boldsymbol{E}$ 和磁感应强度 $\boldsymbol{B}$，而是电位移矢量 $\boldsymbol{D}$ 和磁场强度 $\boldsymbol{H}$ 二者都可作为中间求解的过渡量。把复杂的问题归并到过渡量上，这个研究思路是我们值得讨论的。$\boldsymbol{D}$ 与 $\boldsymbol{H}$ 都是为了方便计算的引入量，而 $\boldsymbol{B}$ 是介质内部的总场强，由于历史习惯，却把 $\boldsymbol{H}$ 称为磁场强度，无法与 $\boldsymbol{E}$ 电场强度相对应。

$\boldsymbol{B}$ 与 $\boldsymbol{H}$ 之间通过方程变化可以建立联系。在外加磁场 $\boldsymbol{B}_0$ 下，磁化电流 I_m 产生附加磁场可以表示为 $\boldsymbol{B}'$，两者之和表示为总磁场：

$$\boldsymbol{B} = \boldsymbol{B}_0 + \boldsymbol{B}' \tag{2-26}$$

对于顺磁性材料，$\boldsymbol{B}'$ 与 $\boldsymbol{B}$ 同向，在介质磁化过程中，随着增大 I_m 以及 $\boldsymbol{B}'$ 则 $\boldsymbol{B}$ 会有相应的增大，达到平衡时的总磁场 $\boldsymbol{B}$ 将最终决定磁场情况。实验指出，各向同性介质的 $\boldsymbol{M}$ 与 $\boldsymbol{H}$ 之间呈线性关系：

$$\boldsymbol{M} = \chi_m \boldsymbol{H} \tag{2-27}$$

式中，χ_m 为介质磁化率，是一个无量纲量。

将式（2-27）代入 $\boldsymbol{H}$ 的定义方程中有：

$$\boldsymbol{H} = \frac{\boldsymbol{B}}{\mu_0} - \chi_m \boldsymbol{H} \tag{2-28}$$

得到：

$$\boldsymbol{B} = \mu_0 (1 + \chi_m) \boldsymbol{H} = \mu_0 \mu_r \boldsymbol{H} = \mu \boldsymbol{H} \tag{2-29}$$

式中，μ、μ_0、μ_r 分别为介质的磁导率、真空磁导率、相对磁导率（介质的磁导率与真空磁导率的比值，无量纲量），相对磁导率 $\mu_r = 1 + \chi_m$，真空中相对磁导

率 $\mu_r = 1$。

对于顺磁性材料（如：铝）来说，$\chi_m > 0$；对于抗磁性材料（如：水，铜和银）来说，$\chi_m < 0$；在真空中，$\chi_m = 0$。对于铁磁性材料来说，H 与 B 一般不满足线性关系，而是一个变化函数。铁磁性（如：铁）的磁化强度比顺磁性物质及抗磁性物质大若干数量级。一种物质是顺磁的还是抗磁的，主要取决于其组成原子中自由磁偶极矩（即可自由旋转的磁偶极矩）的存在与否。当没有自由极矩时，磁化是由原子轨道上的电子流产生的。如果该物质是抗磁性的，具有与磁场强度和温度无关的负磁化率。在电磁冶金研究前，需要判断被处理材料的磁属性及其随温度的变化情况。

总的来说，在介质中的麦克斯韦方程组可表示为：

$$\nabla \times E = -\frac{\partial B}{\partial t} \tag{2-30}$$

$$\nabla \times (H) = J_f + \frac{\partial D}{\partial t} \tag{2-31}$$

$$\nabla \times D = \rho_f \tag{2-32}$$

$$\nabla \times B = 0 \tag{2-33}$$

介质中的麦克斯韦方程形式上是成立的，仅仅与自由电荷密度和自由电流密度有关，只不过求解出来的量是过渡量。因此，需要研究某种介质中过渡量与它们的真正物理量之间的关系。

2.4.3 时变电磁场的趋肤效应

从数学层面来说，由于过渡量的引进导致麦克斯韦方程组不封闭了。从物理学层面来说，无法弄清磁化、极化的本质，更不能得到合理的磁场、电场强度。要真正研究磁场中介质的电磁性质还要做两方面工作：数学上的方程完善，物理学中磁化与极化的本质。在介质中，电位移矢量 D 和磁场强度 H 分别是电场强度 E 和磁感应强度 B 的函数，表现形式如下：

$$D = D(E, B) \tag{2-34}$$

$$H = H(E, B) \tag{2-35}$$

得到过渡量 D、H 与 E、B 之间的关系，进而可以得出完整介质中的电磁性质。

在研究弱电磁场、低频电磁场、高频电磁场与强电磁场时，最主要的是分析介质和电磁场之间的关系。在强电磁场下，D 和 E 与 B 和 H 的表现形式是复杂的非线性的，称为介质中的非线性关系，可以通过实验得出非线性曲线。据此，在光学中形成了一门科学叫非线性光学，在强的极光下介质和光的电磁场作用表现出较强的非线性。探索新材料、新介质与电磁波的相互作用机制，必然先研究介质中的非线性关系后方可借鉴麦克斯韦方程组进行研究。例如，在研究微波烧结玻璃陶瓷的作用机理时，直接运用麦克斯韦方程组是行不通的。首先，应获得玻璃陶瓷（材料）在微波中的 D 和 H；其次，根据麦克斯韦方程组计算出介质中的 E 和 B 分布；最后，通过电磁感应定律计算出玻璃陶瓷中的电子受力大小。

频率是电磁场在介质中传播的另一个重要量值。在高频下，介质会出现散射现象，而导体中会出现趋肤效应。介质的散射现象是由于一定频率的电磁波的振荡电场作用到电子上，使电子以同频率做强迫振动，而导致介质吸收的电磁波能量与辐射出的电磁波能量不一致的现象。对于导体来说，电流集中在导体外表面的薄层，越靠近导体表面，电流密度越大，导体内部实际上电流较小。如图 2-13 所示，当直径为 1 mm 的铝导线加载频率为 1 MHz 电流时的电流分布，电流密度从表面到内部呈指数下降。随着频率增加，电流集中至导体表面的趋势越强。趋肤深度 Δ 定义为：电流密度仅为表面值的 $1/e$（约 37%）时的深度，计算公式为：

$$\Delta = \sqrt{\frac{\rho}{\pi f \mu_0 \mu_r}} \tag{2-36}$$

式中，Δ 为穿透深度或趋肤深度，m；ρ 为介质的电阻率，以 $\Omega \cdot m$ 为单位，也等于其电导率的倒数。

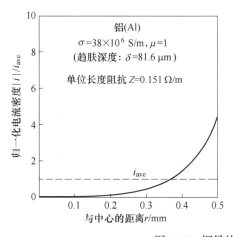
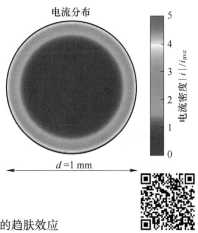

图 2-13　铜导线横截面的趋肤效应

图 2-13 彩图

金是良导体，电阻率为 2.44×10^{-8} $\Omega \cdot m$，相对磁导率 $\mu_r \approx 1$，它在 50 Hz 频率下的趋肤深度为 11 mm；而铅是导电性较差的导体，电阻率约为 $2.2 \times 10^{-7} \Omega \cdot m$，约为金的 9 倍，在 50 Hz 下的趋肤深度为 33 mm，其值 3 倍于金。高磁导率材料，例如铁，其电导率较差又具有较高的磁导率而减少了趋肤深度。

表 2-1 给出了微波 10 GHz 下不同材料的趋肤深度，表 2-2 给出了铜在不同频率下的趋肤深度，从而可知，电磁参数与材料属性共同影响着电磁作用效果。高压输电中，由于趋肤效应每千米使用相同量金属的单根线材会有更高的损耗，通过使用特殊编织的绞合线可以缓解因趋肤效应而导致的交流电阻增加。在电磁搅拌中，普遍采用 5~20 Hz 之间频率作为工作频率，原因有三：（1）低频电磁场减小趋肤效应，增加电磁波穿透表层钢壳的能力，对液芯形成较强的搅拌力；（2）与磁流体动力学中涉及熔体流动与电磁频率的"滑差"有关，这与熔体液穴黏度有关；（3）电气设备中变频装备的简单化。

表 2-1 10 GHz 微波频率下不同材料的趋肤深度

导　体	铝	铜	金	银
趋肤深度/μm	0.820	0.652	0.753	0.634

表 2-2 铜导体中不同频率的趋肤深度

频　率	50 Hz	60 Hz	10 kHz	100 kHz	1 MHz	10 MHz	100 MHz	1 GHz
趋肤深度/μm	9220	8420	652	206	65.2	20.6	6.52	2.06

2.5　电磁场的定解条件

2.5.1　介质中电磁场的边值条件

在分界面两侧的介质不同，可能导致在分界面处的电磁参数不连续。因为在场量不连续处不存在导数，所以以在边界上的麦克斯韦微分方程将失去意义，但是积分方程不受不连续场量的影响。因此可以从积分形式的麦克斯韦方程组出发，导出电磁场的边界条件，在此可从麦克斯韦方程的微分形式导出其积分形式。边界处的电磁波通常部分透射、部分地反射，其方向和振幅取决于两种介质以及入射角度和偏振。静态场在边界的两边通常也有不同的振幅和方向。一些边界在静态和动态情况下也具有表面电荷或携带表面电流，进一步影响邻近的场。

2.5.1.1 电位移矢量 D 在法线的定解条件

如图 2-14 所示，取一个体积为 V，上下表面为 S 的单元跨越两种不同介质，在跨越介质的边界上做一个面积为 da、高度为 δ 的扁平圆柱体。当 da 很小时，可以认为圆柱上下底面的场是均匀场。

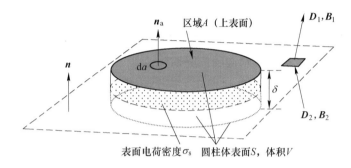

图 2-14　推导垂直场分量边界条件的基本体积

根据介质中的高斯电场定律，通过圆柱体法向的电位移矢量的通量等于该体积内的自由电荷量：

$$D_2 \cdot n da - D_1 \cdot n da + \Delta\varphi = \rho\delta da \qquad (2-37)$$

式中，$\Delta\varphi$ 为通过柱体侧面的电位移矢量通量；ρ 为体自由电荷密度。

当圆柱体无限薄时，即 $\delta \to 0$ 时，圆柱体侧面面积趋于 0，此时表面电荷只包含于上下表面 da 上，则可以表达为：

$$n \cdot (D_2 - D_1) = \rho_s \qquad (2-38)$$

式中，ρ_s 为自由面电荷密度。

这个关系式说明电磁场在介质分界面上，电位移矢量在法线方向上是不连续的，取决于分界面上的自由面电荷密度，而与束缚电荷无关。如果在分析介质分界面的实际物理量 E 时，就与束缚电荷、自由电荷同时相关。介质边界上是否存在自由表面电荷，应该决定于两种介质的实际情况。例如，当其中一种介质为理想导体时，分界面处的理想导体表面可能存在自由电荷密度；而当两种媒介都为良介质（电场的介质而非电流的介质）时，分界面上不存在自由电荷密度。

2.5.1.2 磁感应强度 B 在法线方向的定解条件

由于高斯定律对于电场和磁场的计算方式相同，除了不带磁荷外，对磁感应强度 B 进行相同的分析，得到相似的边界条件：

$$n \cdot (B_2 - B_1) = 0 \tag{2-39}$$

对于磁感应强度来说，在介质分界面法线方向上是连续的，即控制方程在法线方向不变，可以将磁感应强度的形式写成：

$$B_2 \cdot n = B_1 \cdot n \tag{2-40}$$

根据磁场强度与磁感应强度的本构关系，也可以写出磁感应强度的法向分量边界条件：

$$\mu_2 H_2 \cdot n = \mu_1 H_1 \cdot n \tag{2-41}$$

2.5.1.3　磁场强度 H 在切向的定解条件

建立围绕跨越两种介质边界并具有无穷小面积 A 的细长矩形回路 C，我们假设矩形的总高度 δ 比它的长度 W 小得多，如图 2-15 所示。

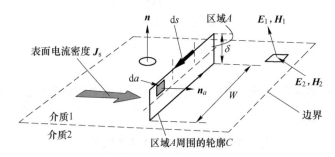

图 2-15　推导平行场（切向）分量边界条件的示意图

设介质 1 与介质 2 之间的法向单位矢量为 n。因为旋度方程描述的是与场量通过闭合环路的环量有关的方程，通常作一个微小的面积元来求解边界条件。回路 C 围成面积的法向单位矢量为 n_a，其中 W 方向为 $n \times n_a$。根据介质中的安培-麦克斯韦定律的积分式：

$$\oint_C H \cdot dl = \int_S J \cdot ds + \int_S \frac{\partial D}{\partial t} \cdot ds \tag{2-42}$$

在矩形的总高度 δ 无限小时，H 沿两宽边 δ 的线积分量为零。此时，无穷小面积 A 也是无限小的，则在该无穷小面积内的位移电流随时间变化项为零，而相对于 δ 表面电流 J 只占据了表面薄层，如果在分界面上存在自由电流则：

$$\lim_{\delta \to 0} J \cdot W\delta n_a = J_S \tag{2-43}$$

式中，J_S 为电流面密度矢量。

与法向分量边界条件中将体电荷密度变为面电荷密度是同一种处理方法。边界条件中是否存在自由面电流密度矢量由介质的实际情况决定。例如，当其中一种介质为理想导体时，分界面处的理想导体表面上可能存在自由面电流密度矢量。当两种介质都是理想导体时，分界面上不一定存在自由面电流密度矢量。所以，可以将两种介质中的方程写为：

$$(\boldsymbol{H}_2 - \boldsymbol{H}_1) \cdot (\boldsymbol{n} \times \boldsymbol{n}_a) = \boldsymbol{J}_{\mathrm{S}} \cdot \boldsymbol{n}_a \tag{2-44}$$

由矢量变换法则可得：

$$\left[\boldsymbol{n} \times (\boldsymbol{H}_2 - \boldsymbol{H}_1) \right] \cdot \boldsymbol{n}_a = \boldsymbol{J}_{\mathrm{S}} \cdot \boldsymbol{n}_a \tag{2-45}$$

$$\boldsymbol{n} \times (\boldsymbol{H}_2 - \boldsymbol{H}_1) = \boldsymbol{J}_{\mathrm{S}} \tag{2-46}$$

由此可见，磁场强度在切线方向上不连续，此时介质的分界面上存在自由面电流密度。而磁感应强度在切线方向上不仅仅依赖于自由面电流密度，与束缚电流密度还有关系，磁感应强度切向分量的边界条件为：

$$\frac{\boldsymbol{B}_2}{\mu_2} = \frac{\boldsymbol{B}_1}{\mu_1} = \boldsymbol{J}_{\mathrm{S}} \tag{2-47}$$

2.5.1.4 电场强度 E 在切向的定解条件

同理，对于电场强度 E 切向分量的边界条件可得到：

$$\boldsymbol{n} \times (\boldsymbol{E}_2 - \boldsymbol{E}_1) = 0 \tag{2-48}$$

电场强度在切线方向上始终连续。根据本构关系，也可以得到电位移矢量切向分量的边界条件为：

$$\frac{\boldsymbol{D}_2}{\varepsilon_2} = \frac{\boldsymbol{D}_1}{\varepsilon_1} \tag{2-49}$$

总之，磁感应强度在法线方向是连续的，电场强度在切线方向是连续的。直接定义有用量的边界条件，而复杂过程是过渡量的分析。电位移矢量在法线方向是不连续的，则电场强度在法线方向更不可能连续。计算介质中的电磁场时，磁场的切线方向不连续，法向连续；电场的法线上不连续，切向连续。在研究连续问题时，就要设想介质里没有极化、磁化现象。在研究非连续问题时，要讨论材质极化和磁化的大小、屏蔽现象等，才能真正说明电磁场在材料制备中的贡献有多少。

2.5.2 理想导体的边值条件

当介质为理想导体时（电导率趋于∞），介质内部的电场和磁场必须为零导致上面四个边界条件得到简化。在导体内部产生电场以重新分配电荷和抵消外部

电场 E，形成静电平衡。我们还可以很容易地看出，完美导体内部的 B 为零。法拉第定律提到 $\nabla \times E = -\partial B/\partial t$，如果 $E = 0$，则有 $\partial B/\partial t = 0$。如果理想导体是在没有 B 的情况下产生的，那么导体里面 B 就会一直保持为零。进一步观察到，当某些特殊材料在低温下成为超导体时，任何预先存在的 B 都被推到介质外面。

　　理想导体的边界条件也与一般导体有关，因为大多数金属都有足够大的导电系数，可以使 J 和 ρ_S 抵消介质内部的电场，尽管这一现象产生需要一定时间。对于大多数金属导体来说，电荷移动到抵消 E 的弛豫过程是非常快的。从直流电到红外线以外波长的大多数波长范围内，在很大程度上这一现象服从完美导体边界条件。下面给出了理想导体附近场的四种边界条件，介质 1 为非理想导体，介质 2 为理想导体，则有 $E_2 = 0$，$B_2 = 0$，$H_2 = 0$，$D_2 = 0$，则边界条件可以简化为：

$$n \times E_1 = 0 \tag{2-50}$$

$$n \times B_1 = 0 \tag{2-51}$$

$$n \times D_1 = \rho_S \tag{2-52}$$

$$n \times H_1 = J_S \tag{2-53}$$

　　这四个边界条件表明，磁场只能平行于理想导体，而电场只能垂直于理想导体。此外，磁场总是与沿正交方向流动的表面电流有关，这些电流的数值等于 H；垂直电场总是与表面电荷有关 ρ_S，数值等于 D。

2.5.3　电磁场的初始条件

　　要完成电磁场的相关计算，必要条件是设定初始条件，电磁场在介质中的初始状态。例如：初始的温度、电流、电压等，根据实际情况酌情考虑。

2.6　电磁过程数学模拟实例

　　控制方程加上定解条件构成了我们解决电磁场的数学模型，定解条件中包含初始、边值条件，两者整合在一起构成了完备的电磁场求解数学模型。具体化的过程要运用具体的方程来进行计算，对电磁场的计算到现在为止是最成功、最美的计算之一。如果出现误差并不是方程本身引起的，而是由于我们对具体事物本身的认识了解不够，例如：高频磁场的散射问题没有考虑、强磁非线性的问题没有考虑等，在解决工程问题的时候需要在上述研究思路的前提下解决实际问题。

　　磁场对移动的带电粒子施加一个力，作用于带电荷 q、速度 v 的粒子上的电

磁力称为洛伦兹力:

$$\boldsymbol{F} = q\boldsymbol{E} + q\boldsymbol{v} \times \boldsymbol{B} \qquad (2\text{-}54)$$

右边第一项由电场贡献;第二项是磁力,方向垂直于速度 $\boldsymbol{v}$ 和磁场 $\boldsymbol{B}$。磁力的大小正比于 $\boldsymbol{v} \times \boldsymbol{B}$。$\boldsymbol{v}$ 和 $\boldsymbol{B}$ 之间存在角 ϕ,磁场力的大小等于 $Bvq\sin\phi$。洛伦兹力最直接引起的现象是带电粒子在均匀磁场中的运动。如果 $\boldsymbol{v}$ 垂直于 $\boldsymbol{B}$($\boldsymbol{v}$ 和 $\boldsymbol{B}$ 之间夹角是 90°),粒子将遵循一个圆形轨道的半径 $r = m\boldsymbol{v}/qB$。如果夹角 $\phi < 90°$,粒子的轨道将是一个螺旋轴平行于电场线。如果 $\phi = 0°$,粒子则不受力,将继续沿场线运动不偏移。像回旋加速器这样的带电粒子加速器利用了这样一个事实:当 $\boldsymbol{v}$ 和 $\boldsymbol{B}$ 成直角时,粒子会沿着圆形轨道运动。对于每一次旋转,电场会给予粒子额外的动能,使它们在越来越大的轨道上运行。

作用在移动电荷上的磁力揭示了导体中载流子内涵。导体中从右向左流动的电流可能是正电荷从右向左移动的结果,也可能是负电荷从左向右移动的结果,或者两者的某种结合。当导体置于垂直于电流的 $\boldsymbol{B}$ 场中时,两种类型的载流子所受的磁力是相同方向的。这个力可以在图 2-16 中看到,当电场与磁力的方向一致时,由于洛伦兹力的存在,在导体的两边产生一个小的电位差,这种现象称为霍尔效应,可被用来测定磁感应强度。

$$d\boldsymbol{F} = id\boldsymbol{l} \times \boldsymbol{B} \qquad (2\text{-}55)$$

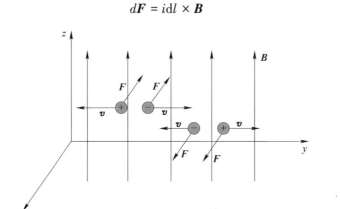

图 2-16 移动电荷上的磁力

如果把电流 i 的导线放在外磁场 $\boldsymbol{B}$ 中,作用在导线上的力与导线的方向有什么关系?由于电流表示导线中电荷的运动,前面给出的洛伦兹力作用于运动电荷。因为这些电荷与导体具有直接联系,作用在移动电荷上的磁力就转移到导线上。作用于导线一小段 $d\boldsymbol{l}$ 上的力取决于导线相对于磁场的方向,力的大小是由

$Bidl\sin\phi$ 决定的，其中 ϕ 是 B 与 dl 之间的夹角。$\phi=0°$ 或 $180°$ 时导线不受力，此时电流与平行于磁场方向一致。当电流和磁场相互垂直时，力是最大的。同样，"×" 表示垂直于 dl 和 B 的方向，dF 的方向由右手定则给出。

　　正是利用这个力实现了冶金过程的电磁搅拌，通过数值模拟技术仿真高温熔体在电磁搅拌条件下的情况是一个重要的研究手段。电磁搅拌的核心部件是电磁搅拌器，其原理与电动机原理类似。旋转电机主要由定子和转子组成，根据线圈的缠绕位置可以分为定子绕组和转子绕组两类，电磁搅拌器更接近定子绕组型电动机，如图 2-17 所示。在这里电磁搅拌器类似于旋转电机的定子，而金属熔体可以看作旋转电机的转子。脉冲电磁场的磁场结构相对简单，在图 2-8 中已经介绍了。

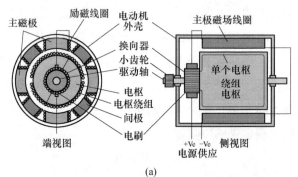

(a)

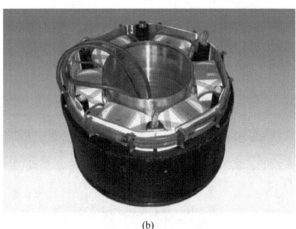

(b)

图 2-17　电动机与电磁搅拌器示意图

(a) 电动机；(b) 电磁搅拌器

　　结合电磁搅拌装置的物理学特点，运用数值模拟的方法对熔体内部磁感应强度、洛伦兹力进行瞬态耦合分析。建立多周期非稳态电磁场模型，将三相正弦波电流及其相位关系等主要特征作为加载参数进行计算，研究六磁极式电磁搅拌器在不同电器参数下对熔体内的磁感应强度及洛伦兹力分布特征的影响；力是扰动液芯运动的主要原因，下面主要阐明计算模拟的过程及思路。

2.6.1 实体模型

如图 2-18 所示，建立空气介质（图中未显示）、线圈、磁轭铁芯及熔体实体数学模型。六磁极式结构特点是在磁轭上均匀分布 6 个尺寸相等的凸极，在每个凸极上缠绕着 6 个相同规格的线圈，每组线圈为 30 匝。模拟计算结果的精确度与划分网格的合理与否有着重要的关系，网格太稀疏会导致计算结果的偏差，而网格划分过密会出现计算时间冗长，造成不必要的繁琐。在网格离散化过程中考虑到电磁趋肤效应，将熔体表层网格细化。模拟过程所需的物性参数，见表 2-3。

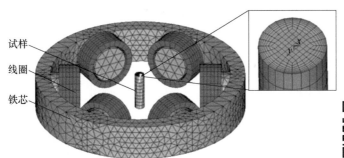

图 2-18 六磁极式电磁搅拌 3D 实体模型及网格划分   图 2-18 彩图

表 2-3 数值模拟参数

项 目	电阻率/Ω·m	相对磁导率
熔体	2.5×10^{-7}	1
线圈	1.75×10^{-8}	1
空气	—	1

2.6.2 控制方程及定解条件

控制方程即为麦克斯韦方程组。电磁搅拌过程中一系列复杂的现象发生，采用三维瞬态磁场棱边单元法对熔体内的感应磁场、电磁力进行计算，一般电磁耦合边界条件见文献 [72]。6 个线圈加载两组三相正弦波激励电流，表示为：

$$J_A = J_{max}\cos(\omega t)$$
$$J_B = J_{max}\cos(\omega t + \pi/3)$$
$$J_C = J_{max}\cos(\omega t + 4\pi/3) \tag{2-56}$$

式中，J_{max} 为峰值电流强度；ω 为角频率，相位差为 120°，当 $\omega t = 0$ 时，J_A 达到最大值且为正，当 $\omega t = 2\pi/3$ 和 $\omega t = 4\pi/3$ 时，J_B 和 J_C 分别为达到最大值时，相对的两个线圈上加载同相位的电流密度。

2.6.3 模拟过程

在对感应线圈施加电流后，熔体中形成洛伦兹力的过程及模拟结果如图 2-19 和图 2-20所示。感应电流激励被缠绕的磁轭铁芯产生感应磁场，变化的磁场在熔体中形成感应电流，这样感应电流与感应磁场相互作用形成洛伦兹力搅拌熔体，电场方向、磁场方向以及洛伦兹力方向空间垂直。

由图 2-20 中熔体内部的电磁力可见，在 XZ、YZ 两个对称纵截面电磁力（为单元受力）是周向旋转分布，正是由于这个旋转变化的力完成了对冶金熔体的搅拌。感应磁场在熔体端部产生的体积电磁力由于磁力线弯

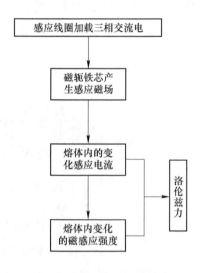

图 2-19 数值仿真的物理过程

曲形成轴向分量和径向分量，径向力减缓了熔体与结晶器之间的接触压力，实现电磁软接触，轴向力则可以促进熔体轴向对流运动，但本例中并不显著。

图 2-21 为加载电流 400 A 时半周期内 4 个不同时刻洛伦兹力在熔体横截面的变化矢量图（数值为单元上的受力）。方向相反的两组洛伦兹力存在于熔体中，电磁力在整个截面上分布不均匀。加载正弦电流时，熔体内洛伦兹力逐步增加，当1/4 周期时出现最大值，在 1/2 周期时维持一定大小的洛伦兹力。电磁搅拌产生的压力波周期性地冲击凝固界面，是驱动熔体运动的主要驱动力。

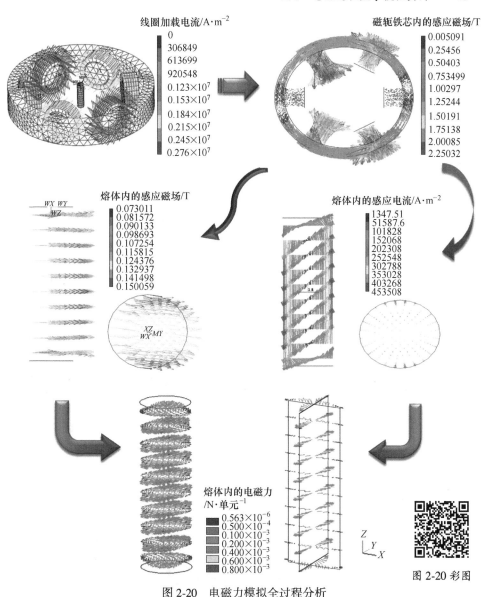

图 2-20 电磁力模拟全过程分析

图 2-20 彩图

2.6.4 结果可信度验证

电磁场作用于金属熔体时，分别以焦耳热、电磁力等形式影响着金属熔体的运动过程，均与磁感应强度密切相关，而加载电流与频率又直接影响着磁感应强度。如图 2-22 所示为不同电磁参数下磁感应强度值的测试结果，随着频率的增加，磁感应强度减小；随电流强度的增加，磁感应强度增加。由此看出，低频率、高电流条件下可以有效提升磁感应强度。

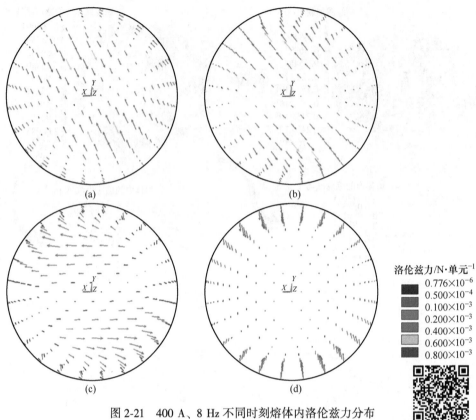

图 2-21 400 A、8 Hz 不同时刻熔体内洛伦兹力分布

(a) 1/8 周期；(b) 1/4 周期；(c) 3/8 周期；(d) 1/2 周期

图 2-21 彩图

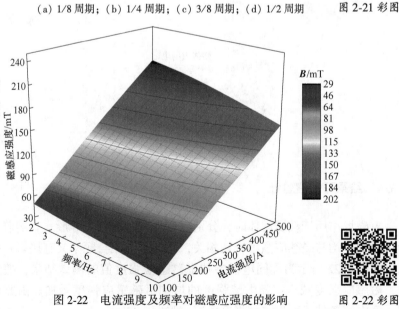

图 2-22 电流强度及频率对磁感应强度的影响

图 2-22 彩图

为了验证有限元模拟的准确性，试验测定频率为 8 Hz 下电磁搅拌器中心位置的磁感应强度随电流变化情况，如图 2-23 所示。在空气介质下磁感应强度的试验值与模拟值结果吻合良好，最大误差值在 9% 以内，说明模拟过程准确。

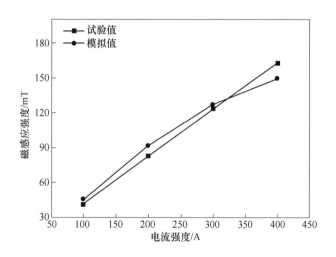

图 2-23　磁感应强度模拟值与试验值对比曲线

2.6.5　结果分析

在 1/4 周期时刻洛伦兹力达到最大值，取该时刻分析电磁参数对洛伦兹力分布的影响。图 2-24 是不同频率下电磁力分布的等值图，在 6~10 Hz 时，熔体中出现高于 4500 N/m³ 的电磁力，且由于趋肤效应集中在熔体边部，尤其在 10 Hz 时；而在 4 Hz 时，熔体心部主要为小于 4500 N/m³ 电磁力区域，但适当降低频率有助于力均匀作用于熔体截面区域。

电流强度不影响洛伦兹力的方向分布特征，但直接影响其大小。图 2-25 是 8 Hz 不同电流强度下熔体中心截面洛伦兹力的等值图，从图中可以看到，洛伦兹力以过原点截线对称分布。电流强度为 400 A 时，大部分熔体受高于 4500 N/m³ 的电磁力作用，搅拌作用充分。故提高电流密度是提升搅拌效果的重要措施，但受制于线圈导线载流能力及结构装配尺寸。

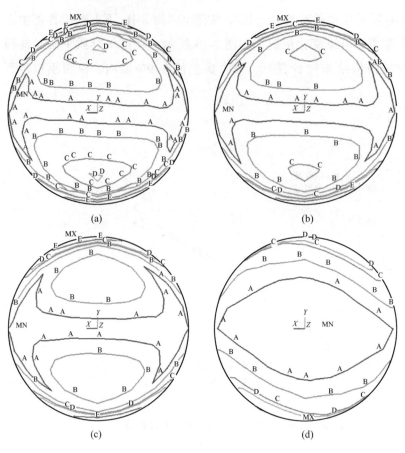

(a)

(b)

(c)

(d)

A处：500 N/m³
B处：1200 N/m³
C处：2500 N/m³
D处：3000 N/m³
E处：4500 N/m³

图 2-24　200 A 时频率对洛伦兹力分布的影响

(a) 10 Hz；(b) 8 Hz；(c) 6 Hz；(d) 4 Hz

图 2-24 彩图

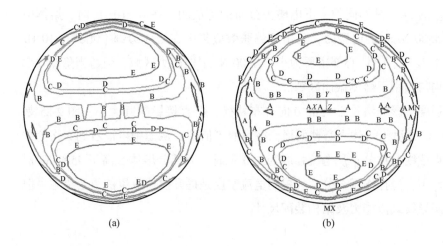

(a)

(b)

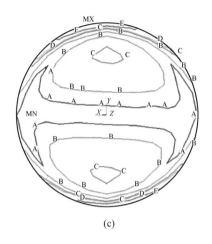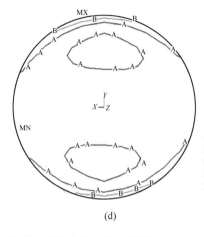

(c)   (d)

图 2-25　8 Hz 时电流强度对洛伦兹力分布的影响

（a）400 A；（b）300 A；（c）200 A；（d）100 A

A处：500 N/m³
B处：1200 N/m³
C处：2500 N/m³
D处：3000 N/m³
E处：4500 N/m³

图 2-25 彩图

3 脉冲电磁场下合金的凝固过程

轻金属是目前发展潜力最大的一类金属，世界各铸件生产大国的铝、镁合金铸件所占比例在13%~19%之间，有些国家（如意大利）更是高达30%~40%，其中90%以上的铝合金用于汽车零件、航空航天等精密制造业[73]。我国的铝、镁合金铸件所占比例不到10%，需形成规模化生产并满足高强度、轻量化的要求，还有很多问题亟待解决。由于铝合金在重熔及再热加工中具有组织遗传性[74]，导致服役过程中材料的疲劳强度、抗拉强度、应力腐蚀等性能与铸锭质量直接相关。有研究表明[75-77]，晶粒尺寸对形变的影响是通过滑移和孪生机制的竞争关系来实现的，随着晶粒尺寸增大，热挤压组织的动态再结晶体积分数明显降低[78]，所以对凝固组织改善具有重要的研究价值。

尽管近年来脉冲电磁场对纯金属及简单二元合金处理已经取得了很多重要的理论及试验成果，但仍处于初步摸索阶段，尤其针对具有实用意义的高强铝合金相关研究鲜有报道。根据欧洲规范9[79]显示，普通铝合金的强度极限不超过350 MPa。然而，Al-Cu-Mg-Zn系7A04铝合金通过热处理使其屈服强度接近某些高强度钢板，达到530 MPa，但密度仅为普通钢材的1/3[80]，而金属镁的密度又为铝密度的2/3。本章介绍了脉冲电磁场对7A04铝合金及稀土AZ91D镁合金的凝固组织改善情况，通过对金属熔体中的电磁场、流场、温度场分析，认识脉冲电磁场引起的各效应在凝固过程中所起到的作用，通过试验结果及理论计算阐述脉冲电磁场作用下金属凝固形核动力学规律。有必要说明，本章理论推导采用SI单位制。

3.1 脉冲电磁场在金属熔体中的传播特性

3.1.1 矩形波脉冲磁场的波形特点

一般地，电磁脉冲磁场具有复杂参数波形，如果对凝固过程进行充分理解，需要弄清导电熔体内电磁特性。图 3-1 为矩形脉冲波示意图（线圈 314 匝内径 90 mm 内Ga 合金的数值），展示了导电金属内 $\boldsymbol{B}$、$\boldsymbol{J}$ 与 $\boldsymbol{F}$ 之间的关系，其中 $\boldsymbol{B}$ 为加载值，$\boldsymbol{J}$ 与 $\boldsymbol{F}$ 为感生值。加载或卸载过程应尽量满足：

$$\lim_{t \to 0} \partial\boldsymbol{B}/\partial t \to \infty \tag{3-1}$$

然而，此时波形函数必然发散。在电源实际发出的矩形脉冲波形图中，脉冲上升及下降阶段在模拟计算中近似为斜坡加载，将这种具有一定斜率的加载过程等效为与稳恒磁场阶段相切且半径为 R 的波形。在此，暂且不考虑电流波形加载至线圈时的感抗效应。

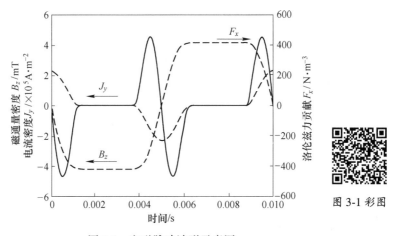

图 3-1 电磁脉冲波形示意图

传统意义上的电磁能可以通过场对熔体内运动电荷或晶核做功而转化为内能、机械能等其他形式的能量。脉冲电流通过线圈瞬时产生感应磁场 $\boldsymbol{B}$，而 $\boldsymbol{B}$ 的变化引起熔体内电场 $\boldsymbol{E}$ 变化，从而在熔体周围产生感应电流。在导电熔体中，磁通量变化产生两个不同的效应，分别为感生电动势[81]和动生电动势，感生电动势是由于磁场 $\partial\boldsymbol{B}/\partial t$ 引起的，而动生电动势可认为是质点晶核在磁场中运动产生，所以是微观阐述。对于感生电动势根据法拉第定律：

$$-\frac{\partial\boldsymbol{B}}{\partial t} = \nabla \times \boldsymbol{E} \tag{3-2}$$

展开便有：

$$-\frac{\partial\boldsymbol{B}}{\partial t} = \nabla \times \boldsymbol{E} = \begin{vmatrix} \dfrac{\partial\boldsymbol{i}}{\partial x} & \dfrac{\partial\boldsymbol{j}}{\partial y} & \dfrac{\partial\boldsymbol{k}}{\partial z} \\ E_x & E_y & E_z \end{vmatrix} \tag{3-3}$$

则有：

$$\frac{\partial \boldsymbol{B}}{\partial t} = -\left(\frac{\partial E_z}{\partial y} - \frac{\partial E_y}{\partial z}\right)\boldsymbol{i} - \left(\frac{\partial E_x}{\partial z} - \frac{\partial E_z}{\partial x}\right)\boldsymbol{j} - \left(\frac{\partial E_y}{\partial x} - \frac{\partial E_x}{\partial y}\right)\boldsymbol{k} \tag{3-4}$$

其柱坐标中无旋场表达式：

$$\frac{\partial \boldsymbol{B}}{\partial t} = -\left(\frac{1}{r} \cdot \frac{\partial E_z}{\partial \varphi} - \frac{\partial E_\varphi}{\partial z}\right)\boldsymbol{r} - \left(\frac{\partial E_r}{\partial z} - \frac{\partial E_z}{\partial r}\right)\boldsymbol{\varphi} -$$
$$\frac{1}{r}\left[\frac{\partial(rE_\varphi)}{\partial r} - \frac{\partial E_r}{\partial \varphi}\right]\boldsymbol{z} \tag{3-5}$$

式中，E_x、E_y、E_z 与 E_φ、E_r 分别为笛卡尔坐标系及柱坐标系中各个方向的电场分量。

对圆柱熔体施加脉冲电磁场时，熔体内感生出绕轴向的闭合旋转涡电流，径向及轴向电场可近似忽略，则表达式简化为：

$$\frac{\partial \boldsymbol{B}}{\partial t} = \left(\frac{\partial E_r}{\partial z} - \frac{\partial E_z}{\partial r}\right)\boldsymbol{\varphi} \tag{3-6}$$

由式（3-6）可知，当 $\dfrac{\partial \boldsymbol{B}}{\partial t}$ 趋于无穷时，电场也趋于无穷，这样在磁场加载及卸载过程中实质是对熔体施加了近似无限大的电场，同功率下脉冲磁场较其他形式磁场可激发出更大的电磁能。再有，在熔体内具有一定角频率 ω 的电磁波又有：

$$\boldsymbol{B} = \mu \boldsymbol{H} \tag{3-7}$$

将感应线圈磁特性 $\boldsymbol{H} = nL\boldsymbol{J}$ 代入式（3-7），并两边同时微分有：

$$\frac{\partial \boldsymbol{B}}{\partial t} = \mu nL \frac{\partial \boldsymbol{J}}{\partial t} \tag{3-8}$$

式中，n 为线圈匝数；L 为线圈长度；$\boldsymbol{J}$ 为电流密度；μ 为熔体磁导率。由式（3-8）说明，熔体中感生电流势必瞬间较大。

3.1.2 熔体中的脉冲电磁能

脉冲电磁场是物质的一种形态，电磁场的运动与其他物质运动形式之间能够相互转化。以上脉冲磁场与电场之间的转化关系，实质是一种能量之间的转化过程。脉冲电磁能是按一定的方式分布于场内，随着场的运动，在熔体介质中不断传播。因此，为了描述电磁场的能量及传播，引入能量密度 W 及能流密度 S 这两个物理量。

某一微小域内（体积为 V，表面积为 Σ），熔体中带电电荷密度为 ρ_0，磁场中以作用力 f 表示对电荷作用力密度，v 为电荷的运动速度，则单位时间内通过界面 Σ 流入体积 V 内的能量应等于单位时间内电磁场对 V 内电荷所做的功与电磁能量的增量之和，即：

$$\oiint_{\Sigma} S \cdot \mathrm{d}\sigma = \iiint_V f \cdot v \mathrm{d}V + \iiint_V \frac{\partial W}{\partial t} \mathrm{d}V \tag{3-9}$$

或

$$\nabla \cdot S = -f \cdot v - \frac{\partial W}{\partial t} \tag{3-10}$$

其中，粒子在磁场中的运动过程可表示为：

$$f \cdot v = (\rho_0 E + \rho_0 v \times B) \cdot v = E \cdot (\rho_0 v) = E \cdot J \tag{3-11}$$

利用安培-麦克斯韦定律：

$$\nabla \times H = J + \frac{\partial D}{\partial t} \tag{3-12}$$

及法拉第定律将式（3-11）可改写为：

$$-f \cdot v = \nabla \cdot (E \times B) + H \cdot \frac{\partial B}{\partial t} + E \cdot \frac{\partial D}{\partial t} \tag{3-13}$$

对比

$$-f \cdot v = \nabla \cdot S + \frac{\partial W}{\partial t} \tag{3-14}$$

有：

$$\begin{cases} S = E \times B \\ \dfrac{\partial W}{\partial t} = H \cdot \dfrac{\partial B}{\partial t} + E \cdot \dfrac{\partial D}{\partial t} \end{cases} \tag{3-15}$$

$$\begin{cases} S = E \times B \\ W = \dfrac{1}{2}(\varepsilon_0 E^2 + 1/\mu_0 B^2) \end{cases} \tag{3-16}$$

式中，S 和 W 分别为金属熔体介质中总电磁能的能流密度及能量密度。

可以认为在脉冲磁场作用下，能产生更大的电磁能。另外，在特定材料介质属性下 Zeeman 能也被称为额外磁能，可表示为：

$$E_{\text{Zeeman}} = -\mu_0 \int_V H \cdot M \mathrm{d}V \tag{3-17}$$

赞炳涛等人[82]认为在熔体中施加脉冲磁场时，脉冲电场与脉冲磁场的产生存在着相位差或者不完全同步。脉冲磁场 B 的相位要落后于电场 E 的相位，这样只有在适当的脉冲参数下磁场与电磁才能够产生叠加，增大电磁能[83]。

3.1.3　电磁波在熔体中的反射及吸收

在真空或绝缘介质内电磁波的传播没有能量损耗，而在金属熔体内脉冲电磁波的传播是电磁场与自由电子运动相互制约的过程，使能量不断衰减。当电磁波频率满足：

$$\omega \ll \tau^{-1} = \sigma/\varepsilon \tag{3-18}$$

时可以认为是良导体，但多数自由电荷只能分布于导体表面。其中，τ 为电荷密度衰减特征时间，金属一般为 10^{-17} 数量级，σ 为电导率，ε 为介电常数。

电磁波具有动量，它们被金属导电介质反射或吸收时必定产生辐射压强。在频率影响下，令复数 $k = \beta + i\alpha$，磁场与电场的转换复数关系可表示为：

$$H = \frac{1}{\omega\mu}(\beta + i\alpha)n \times E \tag{3-19}$$

式中，n 为指向导体内部的法向；μ 为磁导率。

电磁波振幅又满足：

$$\frac{E}{B} = \frac{1}{\sqrt{\mu_0\varepsilon_0}} = C \tag{3-20}$$

电磁波以速度为 C 进行传播。电磁场边值关系为：

$$\begin{cases} E + E' = E'' \\ H - H' = H'' \end{cases} \tag{3-21}$$

式中，E、E'、E'' 及 H、H'、H'' 分别为电磁波的入射、反射和折射的电场和磁场强度。

将式（3-19）及式（3-20）代入式（3-21）第二式可改写为：

$$E - E' = \sqrt{\frac{\sigma}{2\omega\varepsilon_0}}(1 + i)E \tag{3-22}$$

联立式（3-21）第一式可得反射能流与入射能流之比，即反射系数 R 可表示为：

$$\frac{E'}{E} = -\frac{1 + i - \sqrt{\dfrac{2\omega\varepsilon_0}{\sigma}}}{1 + i + \sqrt{\dfrac{2\omega\varepsilon_0}{\sigma}}} \tag{3-23}$$

消去复数：

$$R = \left| \frac{E'}{E} \right|^2 \approx 1 - 2\sqrt{\frac{2\omega\varepsilon_0}{\sigma}} \tag{3-24}$$

可见当频率较小时，脉冲电磁波被熔体折射或吸收的能量较小，而反射过程在导电熔体内产生的压力波约为透射过程的 2 倍。

3.2 脉冲电磁场下的铝合金凝固过程分析

电磁场凝固试验平台如图 3-2 所示，该平台主要由三部分组成，即：磁场电源系统、金属熔炼系统及磁场凝固控制系统。核心部分是磁场凝固控制系统，主要由感应线圈、水冷装置、引锭装置、温度控制系统、磁场检测组成，该试验平台能够实现熔体的加热及保温、凝固过程温度历程监视存储、坩埚的预热、凝固水冷控温及多种电磁参数下的试验。

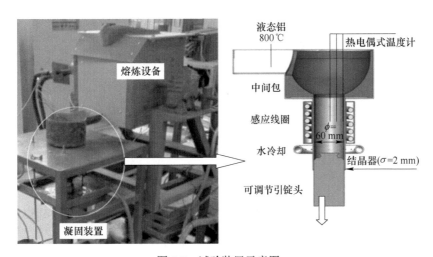

图 3-2　试验装置示意图

激励线圈用 ϕ7 mm 中空水冷铜导线缠绕而成，匝数设计为 6×7 匝，并置于结晶器外侧。试验过程中，结晶器内径尺寸为 ϕ60 mm，可通过引锭装置来调节凝固铸坯轴向高度，本试验铸锭尺寸为 ϕ60 mm×140 mm。

3.2.1　试验过程设计

本试验材料为航天用 7A04 超硬铝合金，通过脉冲电磁场处理以期获得高性能铸锭，化学成分见表3-1。材料液相线温度为654 ℃，完全固相线为528 ℃，具有较宽的液-固两相区。将原始铸锭放置于熔炼炉中加热至800 ℃，保温静置10 min，待扒渣后将熔体倒入磁场凝固装置中。将连接到电源的脉冲电磁场发生器通电，对熔体进行脉冲电磁场处理，直至试样温度降至300 ℃以下。将凝固后的铸锭沿横截面剖开，经打磨、腐蚀后观察金相组织。

表3-1　试验材料的化学成分　　　　　　（质量分数,%）

Si	Cu	Mg	Zn	Ti	Al
0.09	1.92	2.45	5.22	0.04	—

微观组织分析：凝固铸锭取样位置如图3-3所示，分别取中心位置、边部位置处试样，经研磨、抛光后，用 Keller 腐蚀液（1% HF、1.5% HCl、2.5% HNO_3、95% H_2O）腐蚀，用蔡司光学显微镜配合 QUANTA400 型环境扫描电子显微镜（SEM）对凝固组织进行观察，采用截线法统计晶粒平均尺寸。

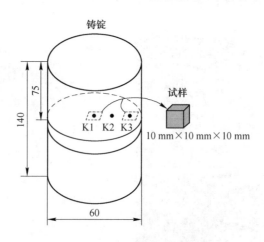

图3-3　取样位置示意图（单位：mm）

X 射线衍射分析：对凝固试样进行 X 射线衍射分析，所用仪器为德国 BRUKER 公司 D8 ADANCE 衍射仪。采用 Cu 靶材，$K_{\alpha1}$ = 0.154056 nm，测量范围为 10°~90°。

DSC 分析：利用 STA499C 型差热分析仪（Differential Thermal Analyser）测定电磁处理对体系相转变的影响。将试样以 10 ℃/min 加热至 750 ℃使其完全熔化，并采用相同的冷却速度冷却至 300 ℃。

3.2.2 脉冲电磁场占空比对凝固组织的影响

7A04 熔体进入结晶器后，对熔体凝固全过程施加不同占空比的脉冲电磁场，电磁参数为：频率 20 Hz，脉冲磁感应峰值强度可达 153 mT，脉冲电磁波形为矩形波。图 3-4 为不同脉冲占空比处理后的心部凝固组织形貌，其中径向截面垂直于磁场方向。当占空比为 20% 和 50% 时，径向截面与轴向截面的晶体形貌均由玫瑰状 α-Al 逐渐转变为球状结构，形成的晶界形貌更加圆滑。

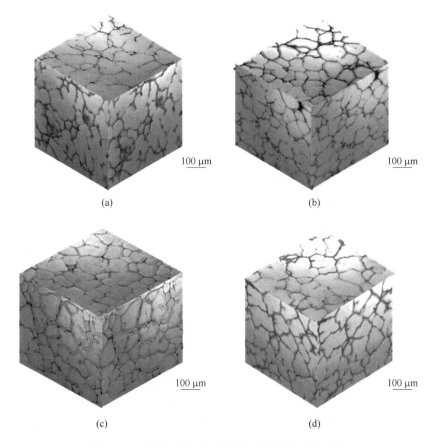

图 3-4 心部位置凝固组织横截面及纵截面的形貌

（a）未处理试样；（b）占空比为 20%；（c）占空比为 50%；（d）占空比为 100%（稳恒磁场）

如图 3-5 所示，当固-液界面前沿处的熔体在正温度梯度下，结晶潜热通过固相界面散出，形成等温平面。但在熔体热流扰动情况下，更多是在负温度梯度进行凝固，结晶潜热同时通过固相、液相界面散出，部分固相突出生长，并延伸至液相区，形成一次枝晶、二次枝晶，这导致在凝固过程中形成蔷薇状枝晶。在电磁凝固过程中，洛伦兹力微弱扰动导致枝晶间液态金属局部流动，均匀温度梯度，使得枝晶难以形成。

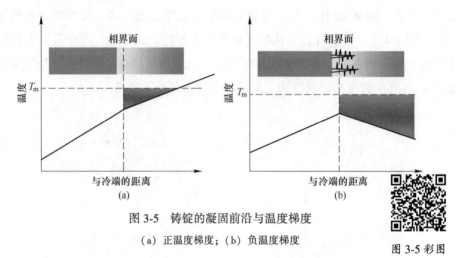

图 3-5　铸锭的凝固前沿与温度梯度

（a）正温度梯度；（b）负温度梯度

图 3-5 彩图

　　一般情况下，铸锭边部位置由于巨大的过冷度，形成细小的晶粒，而心部位置由于过冷度较小且形核缓慢产生粗大晶粒[84]。为了得到均匀的力学性能，电磁脉冲处理后心部组织的细化效果至关重要，图 3-6 为不同脉冲占空比下凝固组织的晶粒尺寸。在占空比为 10% 时，边部组织虽被显著细化但心部组织几乎未受影响，造成截面组织均匀性差。在占空比为 20% 时，形成截面均匀性较好且细小的凝固组织，达到最优的组织改善效果。随着占空比增加，脉冲的间歇特性丧失，脉冲晶粒细化效果逐步被弱化。当占空比为 100%（即稳恒磁场）时无法达到良好的晶粒细化效果。在低强度稳恒磁场作用下，体系的磁致黏度增大，产生如下不利于晶粒细化的现象：（1）熔体的传热过程降低，持续的高温导致熔体中晶核的结构起伏频次减低，很难瞬时维持稳定核心分布。（2）原子团簇在熔体中运动迁移速度降低，必然降低原子碰撞及附着的概率，导致形成初生 α-Al 数量下降。这一结果表明，适当的脉冲占空比对凝固体系有重要影响。

3.2.3　脉冲电磁场占空比对冷却曲线的影响

　　凝固过程中测定的冷却曲线可以综合评定金属相转变的一些重要特性。不同占空比处理下 7A04 铝合金凝固过程的冷却曲线如图 3-7 所示。试样凝固相转变时冷却曲线可以分为三个阶段[85]：（Ⅰ）液相冷却阶段，（Ⅱ）形核阶段（在

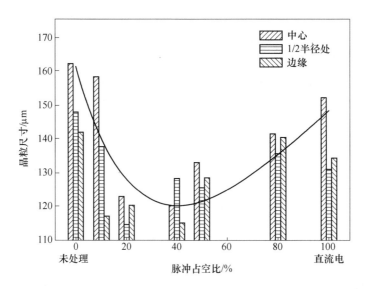

图 3-6 脉冲占空比对 7A04 铝合金平均晶粒尺寸的影响

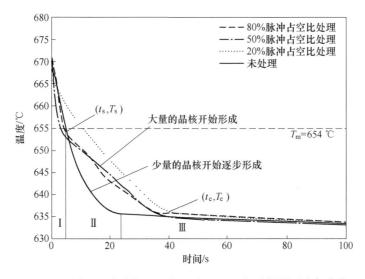

图 3-7 不同电磁脉冲占空比处理下 7A04 心部试样凝固冷却曲线

液-固相转变温度 $T_m = 654\ ℃$ 以下），（Ⅲ）凝固阶段。在图 3-7 中，根据不同斜率来区分冷却曲线的各个阶段，（Ⅰ）与（Ⅲ）斜率基本保持恒定，利用切线法分别测定形核阶段（Ⅱ）的起始时间 t_s 和起始温度 T_s 及结束时间 t_e 和结束温度 T_e，具体的凝固时间及温度总结见表 3-2。在脉冲电磁场作用时，由于更多的潜热释放造成形核阶段（Ⅱ）冷却速率降低，从时间坐标观察，开始形核过程持续时间延长，尤其在占空比为20%时，潜热释放愈发剧烈，致使凝固过程缓慢，且形核开始时间推迟。

表3-2 脉冲电磁场处理下形核阶段（Ⅱ）的时间及温度

占空比 $\alpha/\%$	开始时间 t_s/s	开始温度 $T_s/℃$	结束时间 t_e/s	最终温度 $T_e/℃$	成核期 $(t_e-t_s)/s$
20	11.0	656.4	41.5	635.9	30.5
50	2.5	656.6	37.5	635.4	35.0
80	4.8	653.9	36.0	635.9	31.2
未经处理	7.9	649.1	21.9	635.7	14.0

图3-8为脉冲电磁场下熔体边部与心部温度梯度变化情况，图中虚线和实线分别为熔体边部及心部的凝固曲线。由于脉冲电磁场作用，导致熔体内横截面径向温度梯度降低，温度梯度由0.107 ℃/mm降低至0.043 ℃/mm，也说明脉冲电磁场的确可以降低熔体径向温度梯度。

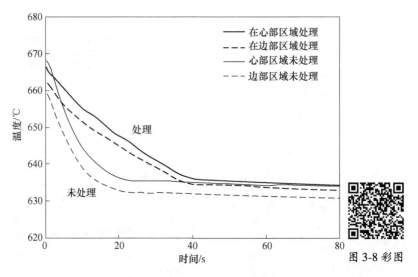

图3-8 电磁脉冲作用下试样边部与心部温度变化

3.3 脉冲电磁场下熔体内的磁场、流场及温度场

本节内容结合自制半连续脉冲磁场铸造装置的凝固特点，运用数值模拟的方法对熔体内部磁场、流场、温度场进行瞬态耦合分析，建立多周期非稳态磁流体

运动模型，将脉冲磁感应强度峰值大和脉冲间歇性等主要特征作为加载参数进行计算，研究在脉冲电磁场下熔体晶核源及熔体的运动特性，引入脉冲磁场产生的"电磁能"为解释脉冲磁场下铝合金晶粒细化机理提供了一种新的思路。

3.3.1 数学模型

建立脉冲线圈、铜制结晶器及熔体 1∶1 实体数学模型，如图 3-9 所示。在网格离散化过程中考虑到脉冲趋肤效应，将熔体及线圈表层网格细化。磁场、流场、温度场物性参数见表 3-3。

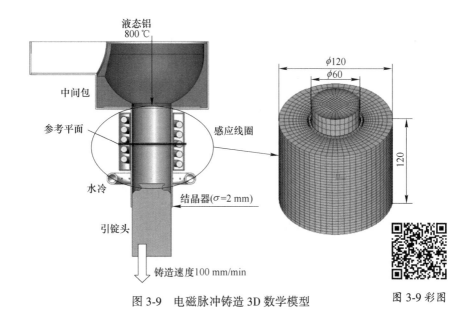

图 3-9　电磁脉冲铸造 3D 数学模型　　　　图 3-9 彩图

表 3-3　数值模拟参数

项目	磁场参数		流场参数		温度场参数	
	电阻率 /Ω·m	相对 渗透率	密度 /kg·m⁻³	黏度 /kg·(m·s)⁻¹	导热 /W·(m·K)⁻¹	比热容 /J·(kg·K)⁻¹
熔体	2.5×10^{-7}	1	2700	0.0035	155	960
线圈	1.75×10^{-8}	1				
空气		1				

在电磁脉冲凝固过程中一系列复杂的现象发生，模拟过程分三步计算：
（1）采用三维瞬态磁场棱边单元法对熔体内的感应磁场、洛伦兹力进行计算；

（2）磁流体耦合计算，对磁场作用下熔体晶核运动情况进行研究；（3）电磁热耦合计算，分析熔体内电磁感应热场。首先用 ANSYS EMAG 单元计算洛伦兹力，然后将计算结果作为加载源用 ANSYS FLOTRAN 计算流场和温度场。一般电磁耦合边界条件见文献［55］，其余特殊边界条件如下阐述。

线圈的脉冲矩形波激励电流用 Fourier 级数展开可表示为：

$$f(x) = \alpha A_{\max} + \frac{2}{\pi} A_{\max} \big[\cos(\omega t) \cdot \sin(\pi \alpha) \big] +$$

$$\frac{A_{\max}}{\pi} \sum_{n=2}^{\infty} \left[\frac{1}{2} \cos(n\omega t) \cdot \sin(n\pi \alpha) \right] \tag{3-25}$$

式中，α 为占空比，$\alpha = 50\%$；ω 为角频率（等于 $2\pi f$），电流平均值可用首项值来表示。

磁动力学连续方程由 Maxwell 方程组控制求解[86]。考虑铜结晶器及熔体内诱发产生感应电流，Ampere-Maxwell 微分式可表示为：

$$\nabla \times \boldsymbol{B} = \mu_0 (\boldsymbol{J}_{\text{free}} + \dot{\boldsymbol{D}})_{\text{crys}} + \mu_0 (\boldsymbol{J}_{\text{free}} + \dot{\boldsymbol{D}})_{\text{liq}} \tag{3-26}$$

式中，$\boldsymbol{J}_{\text{free}}$ 为感生电流密度；$\dot{\boldsymbol{D}}$ 为瞬时电位移矢量。

采用洛伦兹力结果作为流场计算载荷，纳维-斯托克斯方程控制流场：

$$\rho \times \frac{\partial u}{\partial t} + \rho u \cdot \nabla u = \nabla \cdot \big[\eta_0 e^{-0.5(T - T_0)} \nabla u \big] + f_{\text{L}} - \nabla p \tag{3-27}$$

式中，ρ 为铝合金熔体密度；u 为流体速率；∇p 为压力项；η_0 为黏度系数；T_0 为熔体凝固温度；f_{L} 为熔体受力。

结晶器壁采用非滑移边界条件进行约束[87]。

在分析熔体温度场时，对结晶器壁设置对流换热边界条件，对结晶器入口设为绝热边界条件。以电磁感应 Joule 热为热源载荷，不稳定传热过程满足传热方程：

$$\rho C_p \frac{\partial T}{\partial t} = \frac{\partial \left(k \dfrac{\partial T}{\partial t} \right)}{\partial x} + \frac{\partial \left(k \dfrac{\partial T}{\partial y} \right)}{\partial y} + \frac{\partial \left(k \dfrac{\partial T}{\partial z} \right)}{\partial z} + \rho Q \tag{3-28}$$

式中，ρ 为密度；C_p 为比热；$\partial T / \partial t$ 为瞬时温度；k 为传热系数；Q 为凝固潜热。

3.3.2 磁感应强度分布特征

为了验证有限元模拟值的准确性，试验测定频率为 20 Hz 下，结晶器中心部

的磁感应强度 **B** 在空气介质中随电流变化情况，如图 3-10 所示。结晶器内部在空气介质下试验值与模拟值结果基本吻合，最大误差值在 9% 以内，可近似模拟过程准确。

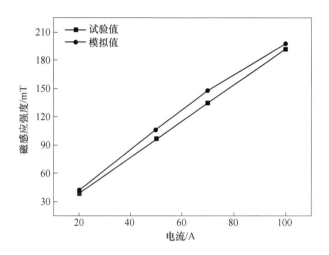

图 3-10 磁感应强度模拟值与试验值对比曲线

电磁脉冲作用在金属熔体时，分别以焦耳热、洛伦兹力及维持熔体磁性的磁能等形式影响着初生及次生 α-Al 的形成，均与磁感应强度密切相关，而加载电流与频率又直接影响着磁感应强度[88]。如图 3-11 所示，低频率、高电流条件下

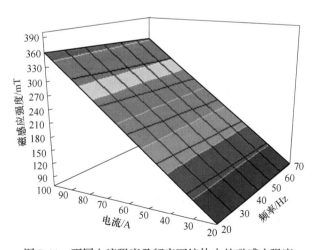

图 3-11 不同电流强度及频率下熔体内的磁感应强度　　　　图 3-11 彩图

可以有效提升磁感应强度。电磁场总能量包含电场部分和磁场部分：

$$\boldsymbol{w} = \frac{1}{2}(\varepsilon_0 |\boldsymbol{E}|^2 + 1/\mu_0 |\boldsymbol{B}|^2) \tag{3-29}$$

较低频率有利于单次脉冲电磁波完全渗入熔体，同时 $\boldsymbol{B}$ 的提升可促进电磁能的产生，对心部凝固组织改善有益。本研究中，熔体凝固过程采用脉冲频率为 20 Hz。

图 3-12 为图 3-9 熔体中参考平面的磁感应强度分布情况。在磁感应强度随电流强度增加的同时，由于瞬时脉冲电流激励及卸载在熔体内产生类似于趋肤效应的边缘效应，形成边部磁感应强度高于心部的梯度磁场，其中，距熔体边部 10 mm 以内形成磁感应强度较高的边部区域，而心部区域形成均匀磁场。这种磁感应强度梯度随电流强度增加呈非线性增加[89]，20 A 与 100 A 熔体边部磁感应强度之差 $\Delta B_{edg} = 275$ mT，而心部只有 $\Delta B_{cen} = 122$ mT。

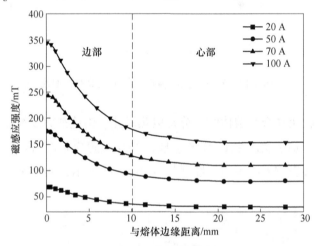

图 3-12　熔体径向截面磁感应强度的分布情况

3.3.3　洛伦兹力对形核过程的影响

感应磁场在熔体内部产生的体积洛伦兹力可分为轴向分量和径向分量[90]：

$$\boldsymbol{F} = \boldsymbol{J} \times \boldsymbol{B} = -\nabla\left(\frac{1}{2}\mu B^2\right)_{Radial} + \frac{1}{\mu}(B \cdot \nabla)B_{axis} \tag{3-30}$$

径向力减缓了熔体与结晶器之间的接触压力，周期性的洛伦兹力 $\boldsymbol{F}$ 变化则可以促进熔体强制对流并对凝固前沿扰动。

图 3-13 为加载电流 50 A 时一周期内 4 个不同时刻洛伦兹力在熔体中的变化矢量图（数值为每个体积为 40.28 mm³ 单元上的受力），洛伦兹力在全周期内指

向熔体内部，脉冲电流加载瞬间产生冲击磁场，使熔体边部洛伦兹力瞬间达到最大值 $2.98×10^{-4}$ N/mm³（见图 3-13（a）），受力逐渐向心部传递达到平稳状态为 $2.23×10^{-4}$ N/mm³。在电流卸载时熔体内部产生反向电动势，E 与 B 不断转换，在后半个周期内维持在 $4.97×10^{-5}$ N/mm³ 左右均匀分布的洛伦兹力，如图 3-13（c）和（d）所示。电磁脉冲产生的压力波周期性地冲击固-液界面，是凝固前沿微区熔体运动的主要驱动力。同时，熔体边部形成类似于悬臂结构的枝晶臂并在洛伦兹力冲击作用下发生塑性弯曲。但初生 α-Al 直径为 10 μm 枝晶臂的屈服强度大约为 0.6 MPa[91]，本研究对 10 μm 枝晶产生的最大压强为 0.00087 MPa，0.1~0.2 T 电磁场所产生的洛伦兹力很难满足枝晶弯曲、脱落的条件。

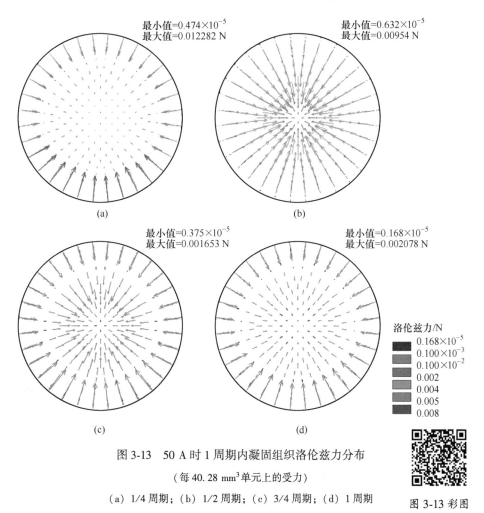

图 3-13 50 A 时 1 周期内凝固组织洛伦兹力分布

（每 40.28 mm³ 单元上的受力）

（a）1/4 周期；（b）1/2 周期；（c）3/4 周期；（d）1 周期

图 3-13 彩图

3.3.4 流场对晶核运动的影响

图 3-14 给出了不同电流密度下熔体轴向及径向流场矢量图。洛伦兹力改变了在脉冲处理区熔体流动的压力角，尤其在靠近脉冲线圈上下两侧的流场，洛伦兹力轴向分量 F_{Radial} 和径向分量 F_{axis} 导致熔体产生不同的流动方式。在电流为 20 A 时，脉冲区纵截面形成 2 个逆时针涡流环。其中，一个涡流环位于高温区，虽然流动速度只有 0.13 m/s 且受力较小，对熔体顺行凝固扰动较大；另一个位于低温区，下方的涡流环易对凝固前沿造成热流冲击。而电流为 50 A 时在脉冲高温区形成一个范围较大的涡流环，有利于熔体成分均匀。随着电流强度的增加，洛伦兹力轴向分量 F_{Radial} 逐步转为径向分量 F_{axis}。当施加电流强度为 70 A 和 100 A 时，熔体受径向洛伦兹力 F_{radial} 较大，纵截面涡流受到抑制，而运动速度最快区域位于熔体边部，可达到 0.28 m/s，强制对流及热-力扰动加强。注意的是：径向分量导致流动的主要原因是由于磁扩散形成的力梯度，请读者自行查阅相关资料。

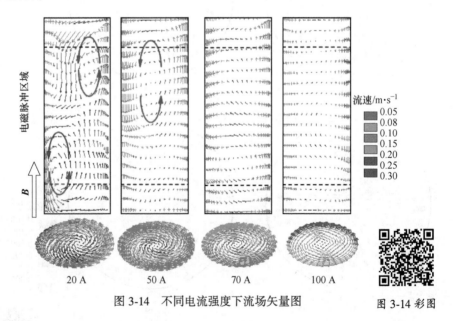

图 3-14 不同电流强度下流场矢量图

图 3-14 彩图

3.3.5 焦耳热对熔体凝固的影响

脉冲涡电流在熔体内产生焦耳热，直观表现为对铸锭横截面温度梯度的影响，形成的"感应加热"现象遵循电磁感应、趋肤效应和凝固热传导三个基本定律。图 3-15 为电流强度 20 A 和 100 A 的温度场和流场对比图，20 A 时低速涡流环刚好作用在糊状区，对凝固前沿的形成产生微弱扰动。图 3-16 为参考面处熔体径向温度分布，表 3-4 详细列出了图 3-15 中熔体边部（T_0）、1/2 半径处（$T_{1/2}$）及心部（T_1）和未加脉冲磁场熔体的温度值，其中，ΔT_0、$\Delta T_{1/2}$ 和 ΔT_1 为施加脉冲磁场前后的温差。与未加载脉冲磁场相比，在加载 100 A 电流时熔体

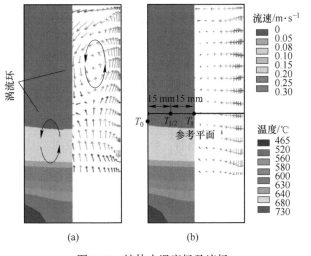

图 3-15　熔体内温度场及流场

（a）20 A；（b）100 A

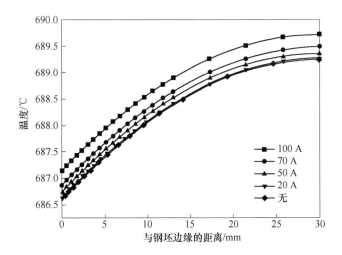

图 3-16　不同电流激励下熔体内温度分布

温度整体升高 0.5 ℃左右。额外的磁场可以降低径向温度梯度，形成相对均匀的温度场，在这种温度环境下，导致熔体中心保持较低的过冷度。虽然降低局部凝固体系的温度起伏有利于初生晶核稳定存在，但热力学因素不利于晶粒细化，所以仍有其他能量促进形核导致晶粒细化。

表 3-4　熔体内部凝固温度分布影响

电流 /A	T_1 /℃	ΔT_1 /℃	$T_{1/4}$ /℃	$\Delta T_{1/4}$ /℃	$T_{1/2}$ /℃	$\Delta T_{1/2}$ /℃
100	687.14	0.53	689.07	0.50	689.72	0.47
70	686.87	0.26	688.82	0.25	689.48	0.23
50	686.75	0.14	688.70	0.13	689.36	0.11
20	686.63	0.02	688.59	0.02	689.26	0.01
无	686.61	—	688.57	—	689.25	—

结晶器边部组织在电磁波作用时，初生晶核产生指向心部的动量，对于糊状区长度为 100 μm、枝晶臂缩颈处直径为 30 μm 的枝晶来说，熔体需要 1.46 m/s 的运动速度才可能使其弯曲[58]，在现有电磁脉冲条件下很难满足枝晶断裂所需的熔体运动速度。还有一种解释是：当电流加载到 100 A 时，熔体内部晶核主要为水平旋转运动，结晶器边部及运动中的初生形核内部产生感生电流，而初生形核电阻率低于液相，产生晶核局部过热，使部分较小的初生二次枝晶冲刷或枝晶根部熔断脱落形成质点。但模拟结果显示该现象主要发生在熔体边部区域，对于心部组织细化机理认为是电磁能的作用。与网罩凝固试验[64]研究结果一致，说明电磁能导致形核率的增加是晶粒细化的重要原因之一。

3.4　脉冲电磁场对铸态稀土镁合金组织性能的影响

稀土元素具有独特的核外电子结构，添加至镁合金中形成的富稀土相可以提高基体强韧性能。然而，在凝固组织中往往会演变为粗大且聚集的针状稀土相，导致镁合金的裂纹源增加、脆性增大。本章选用 AZ91D-0.75La 作为试验材料，分析了脉冲磁场下镁合金中稀土相形貌的演变规律及其对力学性能的影响。

3.4.1　稀土镁合金的相组成

试验材料为 AZ91D 镁合金，其主要化学成分（质量分数）为：8.66% Al,

0.496%Zn，0.220%Mn，稀土 La 元素通过 Mg-25La 中间合金的形式加入。试验过程如图 3-17 所示，将 AZ91D 和 Mg-25La 中间合金放置在电阻熔炼炉中加热至720 ℃保温 5 min，SF₆ 为保护气体，待其全部熔化后倒入至预热 200 ℃石墨坩埚中（φ60 mm×100 mm），同时立即启动脉冲电磁处理装置直至金属液完全凝固。采用 K 型热电偶（直径 1 mm）测定熔体心部位置的凝固温度，试验工艺参数见表 3-5。待 AZ91D 稀土镁合金完全凝固后，从铸锭心部切取出 10 mm×10 mm×10 mm金相试样，用苦味酸（0.3 g 苦味酸、10 mL 无水乙醇、1 mL 冰乙酸、1 mL 去离子水的混合溶液）腐蚀后观察并统计晶粒尺寸和针状稀土相长度。

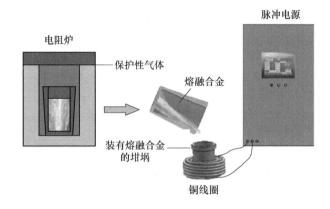

图 3-17　脉冲电磁场凝固试验过程示意图　　　　图 3-17 彩图

表 3-5　试验工艺表

编　号	成　分	脉冲电流占空比/%	脉冲频率/Hz
0	AZ91D	0	0
1	AZ91D-0.75La	20	40
2	AZ91D-0.75La	40	40
3	AZ91D-0.75La	60	40
4	AZ91D-0.75La	20	20
5	AZ91D-0.75La	20	40
6	AZ91D-0.75La	20	60

图 3-18 为合金的 DSC 升温曲线。AZ91D 镁合金在升温过程中有两个吸热峰，其中第一个吸热峰温度区间为 422.98～442.31 ℃，此温度区间为 AZ91D 的共晶相变（α-Mg+β→L）温度区间，峰值约为 423.17 ℃，第二个吸热峰温度区间为551.83～612.87 ℃，此温度区间为 AZ91D 的固液相变（α-Mg→L）温度区间，

峰值为 597.97 ℃。AZ91D 合金主要是由基体 α-Mg 和 β-Mg₁₇Al₁₂ 两种物相组成，结合铸态 AZ91D 镁合金的 XRD 衍射分析结果发现在添加 La 后还出现了 Al₂La 相的衍射峰。同时，随着在 AZ91D 中加入的稀土 La 含量增加，Al₂La 物相衍射峰的数量增多和强度增强，然而 β-Mg₁₇Al₁₂ 衍射峰强度减弱，促进相组成由 Al₂La 替代 β-Mg₁₇Al₁₂ 优先形成。

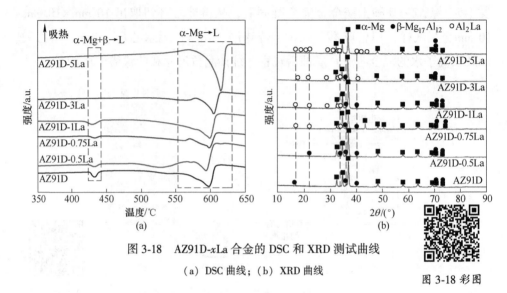

图 3-18　AZ91D-xLa 合金的 DSC 和 XRD 测试曲线

（a）DSC 曲线；（b）XRD 曲线

图 3-18 彩图

在 AZ91D 中应适量添加 La，可以使合金第二相的弥散程度增大，点状 β 相和稀土化合物不断增多，对组织位错移动具有阻碍作用，限制合金晶粒的生长，从而有利于晶粒细化和提高力学性能，但粗大或聚集的针状稀土相却会对性能产生负面影响。如图 3-19 所示，对镁合金相形貌观察发现 AZ91D 中的连续网状结构为 β-Mg₁₇Al₁₂，加入稀土 La 后，连续的网状 β-Mg₁₇Al₁₂ 变为断连续状，还有部分呈颗粒状游离在基体中，同时出现的大量针状化合物为 Al₂La 并已经出现团聚。凝固时出现的稀土元素分布不均匀会引起基体 α-Mg 产生应力集中，从而导致裂纹源的生成。

3.4.2　占空比对 AZ91D-0.75La 镁合金凝固组织的影响

图 3-20 和图 3-21 展示了 20 Hz 下脉冲占空比对合金稀土相形貌及针状稀土相平均长度的影响。在施加脉冲磁场后，针状稀土相 Al₂La 长度减小，甚至趋于球化，但随着脉冲占空比逐渐增加，针状稀土相 Al₂La 长度尺寸反而增加。当脉

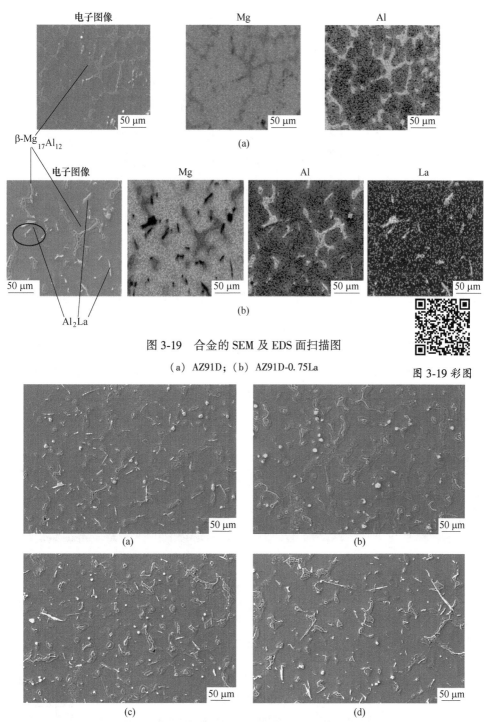

图 3-19 合金的 SEM 及 EDS 面扫描图

(a) AZ91D；(b) AZ91D-0.75La

图 3-19 彩图

图 3-20 脉冲占空比对镁合金的稀土相形貌的影响

(a) 0%；(b) 20%；(c) 40%；(d) 60%

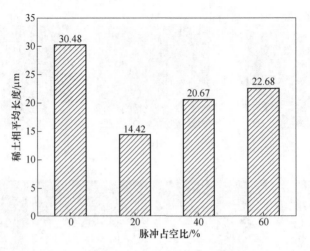

图 3-21　不同脉冲占空比下稀土相的平均长度

冲占空比为 20% 时，针状稀土相 Al_2La 的平均长度由未施加电磁场时的30.48 μm 减少到为 14.42 μm，针状化合物被球化的效果最佳。采用面扫描能谱对施加和未施加脉冲电磁场的 AZ91D-0.75La 凝固组织分析，可清晰观察稀土化合物的分布情况，如图 3-22 所示，未脉冲处理的合金中的稀土 La 元素与 Al 元素组成针状稀土相 Al_2La，部分稀土相出现聚集现象，然而在经过脉冲电磁处理后，针状稀土相变得短小，趋于球化，并且弥散分布在初生相基体中。

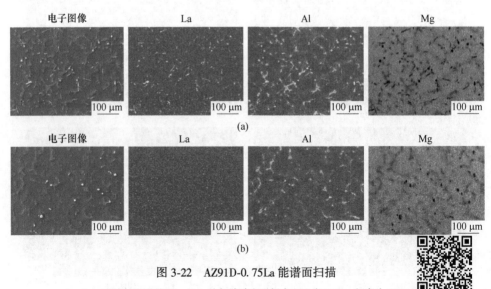

图 3-22　AZ91D-0.75La 能谱面扫描

（a）未施加电磁处理；（b）施加脉冲电磁场占空比为 20%、频率为 20 Hz

图 3-22 彩图

图 3-23 为不同脉冲占空比下镁合金母相的平均晶粒尺寸，经过脉冲磁场处理后平均晶粒尺寸明显减小，当脉冲占空比为 20% 时晶粒尺寸最小，平均晶粒尺寸下降 51.2 μm，晶粒细化了约 32.76%。此时，液相原子共振频率接近磁感应强度 B 与电场强度 E 之间的振荡转换频率，有利于初生相 α-Mg 的形成，晶粒细化最明显，大量新晶核的形成限制了针状 Al_2La 的生长，此时脉冲引起的振动时序与相形成时序接近，控制针状物的生长，导致针状稀土相长度此时最短。随着占空比的增加，每个周期内有效的 B 与 E 转变被较长的恒磁阶段破坏，同时脉冲特性也逐步被弱化，晶粒大小随之增加，针状稀土相长度也增加。初生相形貌与稀土相形成是有密切关系的，在这里暂时不进行分析。

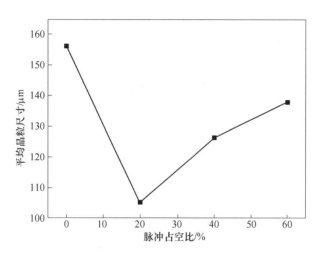

图 3-23　不同脉冲占空比下合金的平均晶粒尺寸

3.4.3　频率对 AZ91D-0.75La 镁合金凝固组织的影响

图 3-24 和图 3-25 是在占空比 20% 不同频率下镁合金微观组织和平均晶粒尺寸。未经过脉冲处理的凝固初生相为较大块状，基体中离散分布着颗粒状第二相，在施加脉冲磁场后，初生相的块状减小，第二相颗粒状增加，晶粒大小有不同程度的细化。当脉冲频率为 20 Hz 时，镁合金凝固组织细化的效果最好，平均晶粒尺寸降低到 103.5 μm，与未经脉冲磁场处理的 AZ91D 合金相比，晶粒细化了 33.78%。

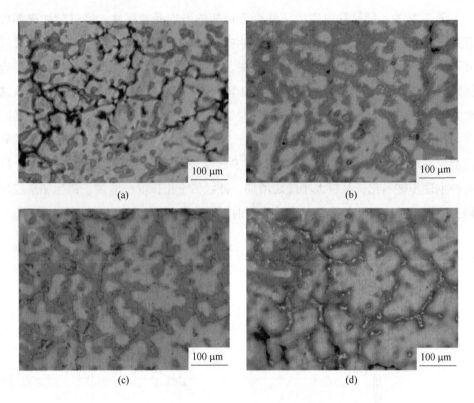

图 3-24　不同脉冲频率下合金的微观组织

（a）0 Hz；（b）20 Hz；（c）40 Hz；（d）60 Hz

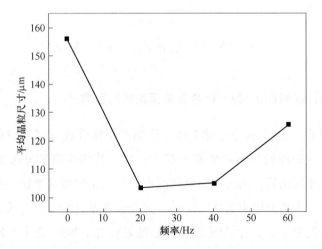

图 3-25　不同脉冲频率下合金的平均晶粒尺寸

随着脉冲频率的增加，脉冲洛伦兹力旋转分量导致的搅拌作用使熔体内部对流增加，散热加快，加快冷却速率从而提高形核率。在低频下由涡电流引起的焦耳热效应可忽略，但是脉冲频率在超过 20 Hz 后引起的溶质流动似乎不利于晶粒细化，而这种对溶质或熔体温度分布的影响可用熔体凝固温度历程来表示。

图 3-26 是 AZ91D-0.75La 镁合金心部凝固冷却曲线，其温度数据采样频率为 1 Hz。在稀土镁合金凝固过程中，因为无法准确测量单个晶核形成时释放的能量，所以可以通过分析熔体中心部位的冷却曲线转变点，来推测晶核的潜热释放和散热之间的平衡关系。图 3-26 虚线放大区为熔体在凝固初期形核潜热释放阶段，在凝固平台阶段初生晶核形成数量增多，且在长大过程所释放的潜热较多，导致该阶段温度略高于未施加脉冲电磁场的凝固曲线 1~3 ℃，延长时间 2~4 s，其中，ΔT_m 表示凝固初期平衡保温温度，Δt_m 表示凝固初期平衡时间。

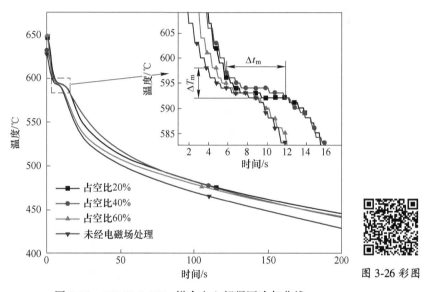

图 3-26 AZ91D-0.75La 镁合金心部凝固冷却曲线

3.4.4 脉冲电磁场下稀土镁合金的力学性能及凝固组织的细化机制

脉冲电磁场细化晶粒主要有提高形核率和控制晶体生长两方面作用。

3.4.4.1 脉冲电磁场对形核的影响

首先，在合金的凝固过程中，液相必须处于一定的过冷条件时才能结晶，而液相中客观存在的结构起伏和能量起伏是促成形核的必要因素。根据热力学定律，施加脉冲磁场所产生的电磁能可以抵消部分增加的表面能，从而使得晶体更加容易形核。

其次，脉冲磁场产生的洛伦兹力引起液相中的振荡搅拌作用。这种振荡搅拌使得在类型壁生成的晶核能够游离到熔体的中心区域，并且在熔体中引起的强制对流降低了合金熔体的温度梯度，使得整个熔体的温度更加均匀。这有助于游离到熔体中心的晶核稳定存在。此外，在晶核长大过程中，脉冲电磁场引起的溶质流动促使生长的二次枝晶臂部分折断和脱落，从而转化为结晶核心。同时，也改变了晶胚与液相之间的界面结构，从而降低了晶胚形核长大所需的过冷度，提高了形核率。

最后，脉冲电磁场作用于熔体产生感应电流，在通过熔体时会产生焦耳热。当熔体温度降至固相线时，焦耳热可以将熔体温度提升至固相线以上或固相薄弱环节重熔，使得熔体继续形核，进一步提高形核率。但在低频下感应电流的热效应并不显著，尤其 20 Hz。

3.4.4.2 脉冲电磁场对晶体生长的影响

脉冲电磁场产生的溶质搅拌作用可以使熔体温度相对均匀，降低熔体的温度梯度。这一效应抑制了枝晶的进一步生长，因为温度梯度是晶体生长的驱动力之一。此外，溶质搅拌还会引起枝晶之间的相对运动，导致较细的二次枝晶折断脱落，尤其是因根部颈缩而更容易发生折断的枝晶臂。因此，脉冲磁场的溶质搅拌作用有助于抑制枝晶的生长，并使得枝晶更加细小。电阻差异导致的焦耳热效应不均匀分布也可细化组织。在合金凝固过程中，由于枝晶尖端的曲率半径较大，当施加脉冲磁场时，由于感应电流在该位置产生的焦耳热较大，阻碍枝晶尖端生长。另外，一般由于固相的电导率较液相大很多，导致感应电流集中在固相中。由于初生二次枝晶尖端较细小，产生的焦耳热更容易使枝晶尖端重熔并趋于圆整。因此，脉冲磁场诱导的感应电流在熔体中产生的焦耳热可能导致枝晶退化，甚至球化。

凝固组织的改善直接影响着材料的力学性能，图 3-27 为 AZ91D-0.75La 在不同脉冲占空比和频率下的维氏硬度，经过脉冲处理后合金的维氏硬度都有明显提升。脉冲占空比为 20% 时硬度值最高，维氏硬度从 53.8 HV 上升至 67.4 HV；脉冲频率为 20 Hz 时硬度值最高，硬度也上升至 69.4 HV。

对 AZ91D-0.75La 镁合金铸锭心部凝固试样进行 XRD 晶体结构分析，被扫描截面垂直于磁场方向，如图 3-28 所示。从图中可以看出，未电磁处理的

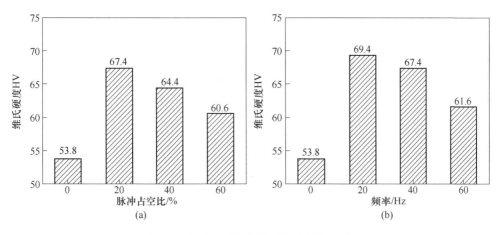

图 3-27　脉冲电磁场参数对维氏硬度的影响

(a) 不同占空比；(b) 不同频率

AZ91D-0.75La合金 α-Mg 基体的三个衍射强峰对应的晶面依次为（$10\bar{1}1$）、（$10\bar{1}0$）和（$10\bar{1}2$），在经过电磁处理后（$10\bar{1}1$）晶面所对应的衍射峰的强度在增强，说明轴向施加脉冲电磁场促进原子在（$10\bar{1}1$）面择优堆积，而（$10\bar{1}0$）和（$10\bar{1}2$）晶面所对应的衍射峰在随脉冲占空比的增加而逐渐降低，磁场对此方向生长产生抑制。所以，脉冲磁场在 AZ91D-0.75La 镁合金凝固时改变了 α-Mg 基体的衍射峰，在熔体结晶时形成了新的择优取向。

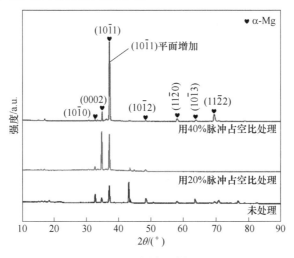

图 3-28 彩图

图 3-28　AZ91D-0.75La 镁合金凝固组织的 XRD 图

对于晶粒细化及取向的形成将在第 5 章和第 6 章中进一步分析理论机理。

4 脉冲电磁场下的形核及扩散

4.1 形核过程动力学

从热力学第一定律和第二定律来看，体系 Gibbs 自由能的变化与过冷度和磁场强度有一定的关系。在磁场的作用下，固-液相平衡状态被改变，Valko 从理论推导认为是改变了相变热力学条件[92]，图 4-1 是磁场对单组元和多组元体系平衡液-固相转变示意图。本节内容着重对电磁形核动力学过程进行研究。

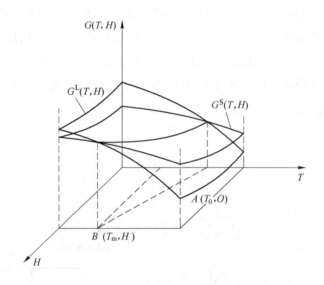

图 4-1 电磁场对固-液相转变的影响

形核率提高是导致晶粒细化的主要原因。根据玻尔兹曼统计原理，结合晶核稳定存在并形成晶核理论，形成晶核取决于以下三个条件[93]：（1）单位体积原始晶核数目；（2）单位时间、单位体积新形成晶核的数目；（3）形成临界晶核的平均激活能。通过上述试验过程及数值模拟分析发现，熔体边部晶核受一定脉冲电磁力、流场及温度场的影响，而铸锭心部组织细化的机理很难用受力及温度场来解释，所以电磁能晶粒细化机理被引入分析。

对于晶核形成的来源可分为两类，即：枝晶碎片及原子团簇，前者形核机理为异质形核机理，后者为均质形核。异质形核与均质形核 Gibbs 自由能关系可表示为：

$$\Delta G^* / \Delta G_H^* = \frac{2 - 3\cos\theta + \cos^3\theta}{4} = \beta \tag{4-1}$$

式中，ΔG_H^* 为异质形核 Gibbs 自由能；θ 为接触角，并且有 $\beta < 1$。

当 θ 是一个常数时，分析电磁能对异质形核过程的影响可简化为分析均质形核过程，下面采用均质形核理论对体系进行讨论。

在经典形核理论中，一些不稳定的原子集团随着时间延续不断消失，又在新的位置重新形成新原子集团，而在体系内大部分熔体原子却依然紊乱排列，这种能量与相起伏是初生晶核形成的基础。结构起伏可以在特定的试验设备中直接观察[94]，而能量起伏则很难被直接观察，需要通过概率统计的方法间接得出。形核初期液相往往是一种亚稳态相，亚稳态相与组态相的自由能平均值之差就形成了动力学能垒，体系内自由能必须跃过动力学形核能垒才能形核并长大形成晶体。体系内自由能可表示为：

$$\Delta G^* = \frac{1}{3} A^* \sigma \tag{4-2}$$

式中，ΔG^* 为临界 Gibbs 自由能；A^* 为临界晶核表面积；σ 为界面能。

在形成临界晶核前体系内 Gibbs 自由能不断波动，形核所需能量的三分之二被单位体积固-液相自由能差 ΔG_V 补充，剩余三分之一所需的能量构成能垒，必须由外部能量补充才能形成稳定晶核，例如过冷度或电磁能。凝固过程中近似每次试验熔体心部过冷度相同，从试验效果来看，由于脉冲磁场的瞬时高能渗入，电磁能以磁势能的形式作用于熔体，对形核能垒进行冲击，在脉冲磁场作用时体系形成了一个新的动力学环境，认为降低了跃过形核能垒所需的临界自由能 Δf [95]，使得体系形核率提高，但其实质是增加了体系内固-液相 Gibbs 自由能差 ΔG_V，如图 4-2 所示。

为了进一步分析电磁能对体系临界 Gibbs 自由能的影响，对经典均匀形核理论公式加入磁能项 $-\mu_0 |\boldsymbol{H}| \mathrm{d}M$，脉冲磁场下新相形核 Gibbs 自由能变化可表示为[32]：

$$\mathrm{d}G_m = -S\mathrm{d}T - \mu_0 |\boldsymbol{H}| \mathrm{d}M \tag{4-3}$$

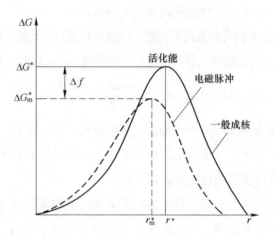

图 4-2 脉冲电磁能作用下形核能垒变化示意图

对式 (4-3) 积分有：

$$\Delta G_m = \Delta G_V + U_m = \Delta G_V + (-\mu_0 \Delta \chi^{L-S} |\boldsymbol{H}|^2 / 2) \tag{4-4}$$

式中，S 为熵；T 为温度；ΔG_V 为单位体积新相形核的 Gibbs 自由能变量；$\Delta \chi^{L-S}$ 为液-固相体积磁化率差 ($\chi^S - \chi^L$)；$\boldsymbol{H}$ 为磁场强度；M 为磁化强度；磁势能 $U_m = \mu_0 \Delta \chi^{L-S} |\boldsymbol{H}|^2 / 2$。总自由能变化表示为：

$$\Delta G_{tot} = \frac{4}{3}\pi r^3 \Delta G_m + 4\pi r^2 \sigma \tag{4-5}$$

$$\underset{\text{成核的驱动力}}{\diagup} \qquad \underset{\text{成核阻力}}{\diagdown}$$

式中，r 为晶核半径；σ 为新相和旧相之间的界面能差。

等式右边的第一项为磁固-液相 Gibbs 自由能增量，是形核的驱动力；第二项为界面能，构成形核的阻力。将式 (4-4) 代入式 (4-5) 并对 r 求微分，则磁能加入后作为体系形核能垒的临界 Gibbs 自由能可表示为：

$$\Delta G_m^* = \frac{16\pi\sigma^3}{3\Delta G_m^2} = \frac{16\pi\sigma^3}{3[\Delta G_V + (-\mu_0 \Delta \chi^{L-S} |\boldsymbol{H}|^2 / 2)]^2} \tag{4-6}$$

在恒压条件下，纯铝固态体积磁化率大于液态体积磁化率，在 1000 ℃ 以下时有[96]：

$$\Delta \chi^{L-S} = \chi^S - \chi^L$$

$$= 16.3 \times 10^{-12} + 4.63 \times 10^{-14} T - 3 \times 10^{-17} T^2 \tag{4-7}$$

α-Al 直接从 Al 熔体中形核时，Al_L/Al_S 的液-固界面能为 0.158 $J/m^{2[97]}$。根据文献 [98，99] 提供的热力学数据，计算纯铝新相形核 Gibbs 自由能变量为：

$$\Delta G_V = -\frac{Q_{fus}\Delta T \rho^L}{M_{mol}T_{fus}} = -9.5789 \times 10^5 \Delta T \tag{4-8}$$

式中，T_{fus} 为熔点；ΔT 为过冷度；Q_{fus} 为结晶潜热；M_{mol} 为摩尔质量；ρ^L 为熔体密度。

将式（4-7）和式（4-8）代入式（4-6）可求出磁临界 Gibbs 自由能，得到电磁能对 ΔG_m^* 的影响曲线，如图 4-3 所示，其右上角为虚线框内局部放大图。外加电磁场后，体系内形核能垒被显著降低从而达到促进形核的目的，在低过冷度条件下效果更显著，而 3.3.5 小节内容阐述的低温度梯度对 ΔG_m^* 的降低是有利的，也证明了除过冷度外，磁能渗入也是熔体心部晶核克服剩余临界形核界面能的有利条件。

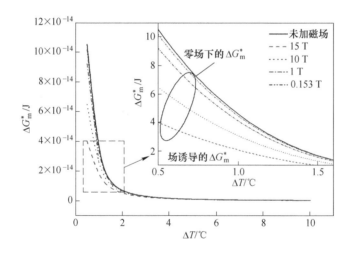

图 4-3 彩图

图 4-3 电磁能对临界 Gibbs 自由能的影响

一般情况下单纯施加电磁能很难达到体系形核所需的能量，须由过冷度补充才可以有效形核。一般形核过程临界 Gibbs 自由能与临界温度可得出：

$$\Delta G_m^* = 60 k_B T^* \tag{4-9}$$

式中，k_B 为玻尔兹曼常数；T^* 为临界形核温度。

但是，当温度低于临界温度时有很少的晶核形成，在临界温度以上有大量的晶核形成，则有磁场下形核临界温度关系：

$$60k_B(T_{fus} - \Delta T)^* = \frac{16\pi\sigma^3}{3\left[-\dfrac{Q_{fus}\Delta T\rho^L}{M_{mol}T_{fus}} - (\mu\chi^{Lus}H^2)/2\right]^2} \tag{4-10}$$

绝对磁能可表示为：

$$W(t) = \int_0^B \{H\}\,d\{B\} \tag{4-11}$$

　　由于瞬态能量是时间的函数，模拟计算出不同电流强度下单周期内磁能变化趋势如图 4-4 所示，有以下公式：

$$I = \frac{BL}{\mu_0 N(1 + \chi_m)} \tag{4-12}$$

代入图 4-4 中的能量拟合曲线方程中，可以得出脉冲磁能方程：

$$W_m = -9.5 + 7.7\exp\left[\frac{BL/\mu_0 N(1 + \chi_m)}{58}\right] \tag{4-13}$$

式中，N 和 L 分别为线圈匝数和线圈长度；χ_m 为磁化率，它是温度的函数。

　　根据式（4-13）可得出不同温度及磁场下的磁能。

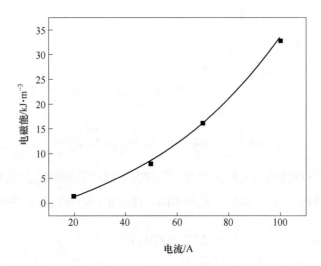

图 4-4　不同电流下电磁能渗入熔体曲线

4.2 初生晶核的形成

4.2.1 脉冲占空比对晶核形成的影响

晶粒细化效果与脉冲电磁特性密切相关。当体系中的能量达到形核所需的临界能量后，形核过程逐步开始。通过数值模拟方法计算熔体边部及心部区域随时间变化的磁感应强度曲线，如图4-5（a）所示。在加载电流时，熔体边部区域的磁感应强度不断波动（可能与坩埚互感有关，但尚未明确），产生较大的磁感应强度变化率 $\partial B / \partial t$，感应出较大的 E；由于受到趋肤效应影响，熔体内局部感应电流位于边部区域。电场与磁场相互转换，以电磁波的形式由熔体边部向心部传递。熔体心部区域磁感应强度变化平滑，可分为恒磁阶段和变磁阶段，如图4-5（b）所示。第3章试验结果已经表明，由于占空比直接影响着瞬态磁感应强度分布，因而成为晶粒细化的重要参数。单周期内过长或过短时间加载电磁场均无法达到最优效果，占空比为10%时，由于磁场滞后性无法产生足够的能量而使心部组织克服形核阻力；在占空比为20%时形成最佳的晶粒尺寸，认为此时液相原子共振频率接近 B 和 E 之间的转换频率；在占空比超过50%时，每个周期内有效的 B 和 E 转换被较长的恒磁阶段破坏，随着占空比的增加脉冲特性逐步被弱化。

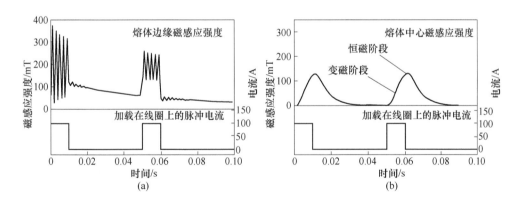

图 4-5 磁感应强度随时间的变化（$\alpha = 20\%$，$I = 100$ A，$f = 20$ Hz）

（a）熔体边部区域；（b）熔体心部区域

液态金属在形成晶胚阶段，邻近原子之间依然遵循短程有序并以某一平衡位置为中心不间断进行着热振动[100-101]，原子排列方式进入短程有序阶段，与固态金属原子排列接近，构成了原子集团。根据铝合金的遗传特性，试验后凝固组织的 DSC 加热曲线可以间接表征相转变过程的某些特征。利用 STA499 型 DSC 热分析仪将凝固试样以 10 ℃/min 加热至完全熔化，得到 DSC 曲线，如图 4-6 所示。两个较为明显吸热峰分别代表固态相转变及熔化过程，相转变温度用直线外推法获得，经脉冲占空比 20% 及 40% 处理后试样的熔化开始及峰值温度小于未处理试样。此外，根据熔化峰面积可以判断处理后的试样（尤其 $\alpha = 20\%$ 的试样）在重熔过程中吸收更多潜热。拥有更细小晶粒尺寸的试样熔化时所克服界面能更多，同时晶体原子排列的长程有序被破坏，更多的原子从晶界处亚稳态晶格中脱离出来，这样试样被熔化时需要向环境中吸收更多的能量。量子霍尔效应[102]指出，外加磁场导致体系内空位、间隙原子、杂质或固溶原子多种缺陷浓度的增加，所以经过电磁脉冲处理后的凝固组织熔化时需要更多的热能来破坏金属键。

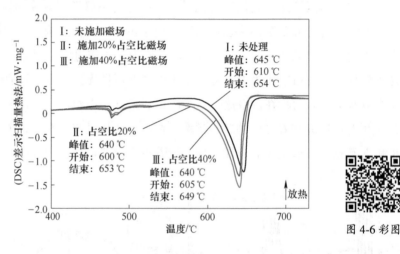

图 4-6 彩图

图 4-6　未处理（Ⅰ）和占空比为 20%（Ⅱ）及 40%（Ⅲ）电磁处理后试样的 DSC 曲线

4.2.2　原子团簇的原子累加过程

形核率受两方面因素影响：一方面，临界形核半径和形核能垒对初生晶核的影响；另一方面，临界晶核的形成与长大都必须由液态原子向晶核内部扩散迁移而完成，若液态原子无法被晶核吸附，临界晶核也就无法长大形成晶粒，即使形成晶粒也会由于体系周边环境引起的温度起伏而重新被熔化。在磁场特性条件下形成稳定原子团簇，需要更多原子附着于原子团上才能最终形成稳定的晶核。Turnbull 等人[103]提出了稳定态形核原子累加过程，可表示为：

$$m\alpha_1 \Leftrightarrow \beta_m$$
$$\beta_m + \alpha_1 \Leftrightarrow \beta_{m+1}$$
$$\beta_{m+1} + \alpha_1 \Leftrightarrow \beta_{m+2}$$
$$\vdots$$
$$\beta_i + \alpha_1 \Leftrightarrow \beta_{i+2} \tag{4-14}$$

式中，α_1 为形成相中一个液相原子；β_m 为最小形核相的原子数，在原子累加过程中通常需要过渡相，同时也要克服原子间作用力。

外加磁能使部分原子形成高结合能原子，克服原子间排斥力，同时更容易构架稳定晶核，促使晶胚长大。如图 4-7 所示，在磁脉冲作用下高结合能原子存在概率增加大，易被液态原子集团吸附并长大，逐步形成低能态稳定原子团，最终形成晶胚。而未加磁场体系内的高结合能原子团形成数量较少，这也是影响形核率的因素之一。

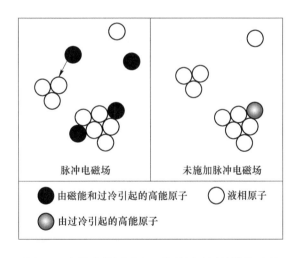

图 4-7　高结合能原子在亚临界原子团的附着过程

液体中原子的热运动引起原子在平衡位置周围做不规则的振动，这种平衡位置不是严格固定在晶体中的某一位置，而是随时间不断地改变其坐标。凝固时，由于液态金属有很大的密度及原子间的交互作用能，暂时不稳定位置四周的原子团簇的振动频率接近固体内原子的振动频率，但是原子团簇从一平衡位置跃迁到另一平衡位置的频率则被认为是远小于原来或新平衡位置附近的振动频率。对于单个原子来说，激活成为高结合能原子需要吸收外部能量，而这一部分能量主要是由具有磁矩的外层电子跃迁储存。作用在矢量轴上的扭矩可表示为：

$$T = -\boldsymbol{\mu}_m \times \boldsymbol{B} \tag{4-15}$$

式中，$\boldsymbol{\mu}_m$ 为磁偶极矩。

虽然已知 $\boldsymbol{\mu}_m \times \boldsymbol{B}$ 的数值，但扭矩的旋转方向并不能确定。扭矩围绕着磁矩 $\boldsymbol{B}$ 进动。如图 4-8 所示，在 X-Z 平面内半径 R 圆轨道电子受到 Lorentz 力的影响：

$$F = q(v \times B) \tag{4-16}$$

电子轨道在沿着 y 轴方向有角动量 $\boldsymbol{L}$。考虑轨道顶点 $\boldsymbol{F} = q(v_x \times \boldsymbol{B}_z)$，此时轨道在 x 轴负方向出现改变角动量，这样说明 $\boldsymbol{L}$ 在磁场方向上是做进动运动的。$\boldsymbol{\mu}_m$ 与 $\boldsymbol{L}$ 方向相反，它也在场方向上以角频率 ω 进动。扭矩导致角动量 $\boldsymbol{L}$ 的取向垂直于 $\boldsymbol{B}$ 和 $\Delta \boldsymbol{L}$。根据 Larmor 频率定义的共振角频率：

$$\omega_L = \frac{-\boldsymbol{\mu}_m \boldsymbol{B}}{L} = -\gamma \boldsymbol{B} = -\frac{e}{2m}\boldsymbol{B} \tag{4-17}$$

$$f_0 = \frac{\omega_L}{2\pi} = -\frac{e\boldsymbol{B}}{4m\pi} \tag{4-18}$$

式中，γ 为根据 Bohr 模型来计算的旋磁比，$\gamma = -\boldsymbol{\mu}_m/\boldsymbol{L}$；$f_0$ 为共振频率，不同原子的磁场具有与固、液相电子频率相等的电磁波时，会引起能级跃迁，导致电子自旋共振。

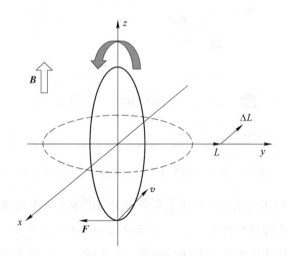

图 4-8 磁场对环流电子轨道 Lorentz 力效应示意图

铝原子的旋磁比为 6976 $\mathrm{Gs}^{-1} \cdot \mathrm{s}^{-1}$[104]，在磁场中磁共振曲线如图 4-9 所示，在磁感应强度为 153 mT 时，原子共振频率为 1.7 MHz。在施加脉冲阶段，瞬时高能磁场激发形成电场，磁电交换形成高频率电磁波，促使液态原子跃迁到固态原子位置的频率，这样高能态原子通过自旋弛豫释放能量，返回低能态。

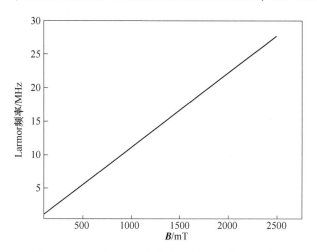

图 4-9 铝原子 Larmor 频率与磁感应强度的相关性

4.3 电磁场对自扩散过程的影响

初生晶核形成后逐步长大形成晶体，液相不断向晶核扩散提供原子，晶体表面也不断接纳原子。在磁化力的作用下原子堆垛产生体系内压强，本节内容分析电磁能对液相原子向固相扩散过程的影响，给出与压力项有关的磁扩散方程。

4.3.1 扩散系数与压强的关系

根据文献［105］-［109］参数绘制常压下纯铝扩散系数与温度关系，如图 4-10 所示。用中子散射技术测定出液相的扩散系数同样符合 Arrhenius 关系[110]，也与 Stokes-Einstein 模型关系相接近[106]。

常压下纯铝扩散系数与温度关系符合 Arrhenius 关系，扩散系数可以表示为：

$$D = D_0 \exp\left(-\frac{\Delta G_d}{RT}\right) \tag{4-19}$$

两边求对数有：

$$\ln D = \ln D_0 + \left(-\frac{\Delta G_d}{RT}\right) \tag{4-20}$$

式中，D_0 为频率因子；ΔG_d 为扩散激活能；R 为气体常数；T 为温度。

根据图 4-10 扩散系数-温度拟合曲线可以得到固、液相阶段的扩散公式：

液相：$\qquad D_{\rm L} = 179 \times 10^{-9} \exp[-26625.8/(RT)]$ (4-21)

固相：$\qquad D_{\rm S} = 5 \times 10^{-5} \exp[-60908/(RT)]$ (4-22)

一元体系原子越过液-固界面的激活能可表示为[111]：

$$\Delta G_{\rm d} = k_B T f e^{\frac{\delta}{T+\beta p}}$$ (4-23)

式中，p 为压强，常压下 $p = 0.1$ MPa；β、δ 和 f 为修正系数。

由于压力系数 β 数值约为 e^{-4}，因此方程可以进行泰勒展开：

$$\Delta G_{\rm d} = k_B T f e^{\delta/T} \sum_{n=0}^{\infty} \frac{1}{n!} (\beta p)^n \approx k_B T f e^{\delta/T} (1+\beta p)$$ (4-24)

将式（4-24）代入式（4-19）则有：

$$D = D_0 \exp[-f e^{\delta/T}(1+\beta p)]$$ (4-25)

与图 4-10 的数据进行对比插值计算得出：固相中 $f = 6.664$，$\delta = 377$ K；液相中 $f = 1.1214$，$\delta = 1152$ K，而 $\beta_{固} = \beta_{液} = 0.0001$ cm²/kg。计算出随压强变化的扩散系数，总结至图 4-10 中，随着压强的增加，扩散系数下降。但计算中得到的 1000 MPa 远远大于实际电磁铸造过程中体系内部受压，所以压强对体系的影响基本可以忽略。

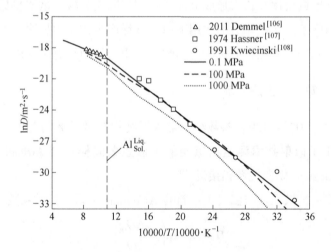

图 4-10 彩图

图 4-10   压力及温度对纯铝扩散系数的影响

4.3.2　磁感应强度对扩散系数的影响

一般认为强磁场能引起原子振动频率或熵的改变，而不会引起焓的变化。利用量子物理分析体系内磁场对铝扩散的影响，在磁场中相应每单位体积有很大数

目的定域磁矩 $\boldsymbol{\mu}_m$，其中包括轨道分量和自旋分量。在脉冲磁场中，每个 Al 原子获得的能量可以表示为[112]：

$$\Delta G_d^m = (M_L + 2M_S)\mu_B \boldsymbol{B} \tag{4-26}$$

式中，M_L、M_S 为原子总轨道角动量和总自旋角动量的磁量子数；Bohr 磁子 $\mu_B = 9.27 \times 10^{-24}$ J/T；$(M_L + 2M_S)$ 构成磁量子数。

对于原子序数为 13 的 Al 来说，Al 原子的基态电子组态排布为 $1s^2 2s^2 2p^6 3s^2 3p^1$，其中角量子数 $L=1$，自旋量子数 $S=1/2$，其中将 $M_L=L$，$M_S=S$ 时可以得到最大附加能量。在同一支壳层中的电子排布将首先占据磁量子数不同且自旋平衡的状态。当电子数为半满、全满、全空三个状态时，能量最低。

依据 Ruch 等人[113]的研究，自扩散系数激活能在固-液转变时，随着磁化率而变化体系中磁性原子的自扩散系数可以写成：

$$D_m = D_0 \exp\left(-\frac{\Delta G_d + \Delta G_d^m}{RT}\right) \tag{4-27}$$

将式（4-25）及式（4-26）代入式（4-27），则有与压强、温度和磁感应强度相关的原子扩散公式：

$$D_m = D_0 \exp\left[-fe^{\delta/T}(1+\beta p) - \frac{(M_L + 2M_S)\mu_B \boldsymbol{B}}{k_B T}\right] \tag{4-28}$$

通过式（4-28）可得到磁感应强度、温度与扩散系数的关系曲线，如图 4-11 所示，随着磁感应强度的增加扩散系数在逐步降低，说明电磁能可以抑制晶核长

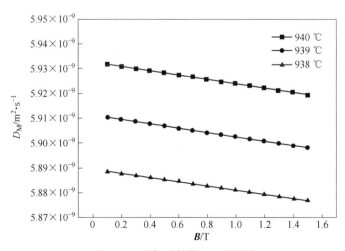

图 4-11 磁场对扩散过程的影响

大过程。相比之下，温度对扩散系数的影响更明显，施加 1.5 T 的磁感应强度导致扩散系数降低了约 0.2%，而过冷度降低 1 ℃时扩散系数却降低了 0.3%。

4.4　磁势能对形核率的影响

凝固前期，熔体中形成很多细小的核心，发生类似于"异质形核"的依附生长关系，但也伴随着潜热释放导致的再辉，限制新晶核稳定存在。根据统计物理学理论，在外加磁场和过冷度的共同作用，体系原子分布偏离平衡，无休止碰撞。为了使液态原子从旧相经过界面向新相供给，需同时考虑形核与扩散两个条件，临界半径晶核的概率（P_1）和迁移原子的概率（P_2）满足：

$$I_m = KP_1P_2 = K\exp\left(-\frac{\Delta G_d + \Delta G_d^m}{k_B T}\right) \cdot \exp\left(-\frac{\Delta G_m^*}{k_B T}\right) \tag{4-29}$$

式中，K 为比例系数。

根据 Turnbull 等人[114-115]的推导比例系数：

$$K = \frac{Nk_B T}{3\eta(T)\alpha^3} \tag{4-30}$$

式中，$\eta(T)$、N 分别为黏滞系数和熔体单位体积的形核位置数。

7 系铝合金熔体黏滞系数可表示为：

$$\eta(T) = 10^{-3.3}\exp\left(\frac{3.35T_L}{T - T_g}\right) \tag{4-31}$$

式中，T_L 为铝合金液相温度；熔体玻璃化转变温度 T_g 可表示为各主要元素熔点与摩尔分数的乘积：

$$T_g = 0.25(X_{Al}T_{fus}^{Al} + X_{Zn}T_{fus}^{Zn} + X_{Mg}T_{fus}^{Mg} + X_{Cu}T_{fus}^{Cu}) \tag{4-32}$$

式中，X_{Al}、X_{Zn}、X_{Mg}、X_{Cu} 及 T_{fus}^{Al}、T_{fus}^{Zn}、T_{fus}^{Mg}、T_{fus}^{Cu} 分别为 Al、Zn、Mg、Cu 合金元素的质量分数及熔点。

形核位置数可表示为：

$$N = \xi N_A = 6.89 \times 10^{-6} N_A \tag{4-33}$$

铝原子跃迁距离 $\alpha = 0.405$ nm，可以得出形核率与压力、温度及磁场的关系：

$$I = \frac{Nk_{B}T}{3\eta(T)\alpha^{3}} \cdot$$

$$\exp\left\{ -\frac{16\pi\sigma^{3}}{3k_{B}T\left[\Delta G_{V} + \left(-\frac{\mu_{0}\Delta\chi^{L\text{-}S}\,|\boldsymbol{H}|^{2}}{2}\right)\right]^{2}} - fe^{\delta/T}(1+\beta p) - \frac{(M_{L}+2M_{S})\mu_{B}B}{k_{B}T}\right\}$$

$$(4\text{-}34)$$

形核过程中临界 Gibbs 自由能及扩散激活能越小，则晶核形成的概率就越大，这主要与体系的过饱和度及新-旧相间的界面张力有关。根据式（4-34）绘制铝熔体形核率变化曲线，如图 4-12 所示。电磁能具有弥补部分高能原子团能量"越过能垒"供能作用，也可以抑制晶体的长大，最终电磁能对形核率有增加作用。

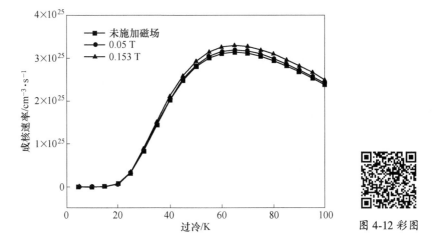

图 4-12 彩图

图 4-12 磁场对铝熔体形核率的影响

5 脉冲电磁场下的晶体各向异性

5.1 择优取向的形成及其机理

脉冲电磁场不仅促进凝固组织细化，对晶体取向、微观结构也有影响，这为某些特定取向要求、用途特殊的铸造铝合金提供了可行方案。如图 5-1 所示，引起晶体取向变化有两个条件：一是脉冲电磁场较大的 $\partial B/\partial t$ 及间歇特性，二是各类晶体自身的磁晶各向异性。在凝固过程中晶体的取向也是较为复杂的，首先，体系原子跃过能垒形成半径为 r^* 的临界晶核；其次，当临界晶核长大并克服热扰动时，逐步发生旋转；最后，初生晶体提供择优生长取向偏向平行于磁场方向，使其沿磁场方向择优生长。

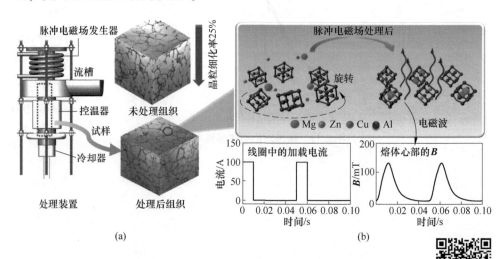

图 5-1 脉冲电磁场作用下晶体的旋转（a）和微观结构演变（b）[26]

图 5-1 彩图

5.1.1 脉冲电磁场对晶体取向的影响

α-Al 的晶体结构以及原子点阵特征影响着材料的疲劳及塑性失稳性能。经脉冲电磁场处理后，凝固组织的诸多特征与细微结构发生改变，利用 XRD 衍射图的形状及峰值宽度可反映某些材料的微观结构。

利用 D8 ADVANCE 型 XRD 衍射仪对 7A04 铝合金铸锭心部凝固试样进行晶体结构分析，被扫描截面垂直于磁场方向，结果如图 5-2 所示。α-Al 晶体（111）面所对应的衍射峰在脉冲电磁场作用下增强，说明试样轴向施加的脉冲磁场促进原子在<111>择优堆积；而（200）面及（311）面对应的衍射峰随脉冲占空比增加而逐渐降低，磁场对此方向生长逐步抑制。在铝合金线材冷拉加工中，晶粒<111>方向与线材轴向平行生长，而其余呈不同程度偏离分布，施加脉冲电磁场后凝固组织产生类似的优先成长效果，且与占空比密切相关。

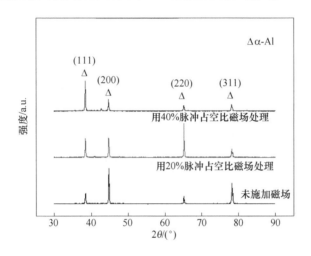

图 5-2 7A04 铝合金凝固组织的 XRD 谱图

各向异性主要依据原子有序化排列。如图 5-3 所示，α-Al 晶体结构为面心立方，密排面（111）晶面的表面能最低，致密度可达到 74%。原子排列过程总是优先向低能晶面靠近，原子团能量越低，越容易达到稳定态。（200）面原子排列相对松散，配位数较低，<h00>长大的趋势相对缓慢。电磁能在这一过程中同样具有重要的作用，接下来从初生晶核的旋转行为方面对择优取向形成进行分析。

5.1.2 晶体的旋转过程

7A04 合金的磁化性能是某个变量的方向函数，在脉冲磁场作用时磁化率是磁场强度的方向函数，可表示为 $\chi = \chi(\omega, \phi)$。在晶核长大形成 α-Al 晶体过程中，由于外加磁场和晶体磁场各向异性引起的磁矩是导致转动的驱动力，当磁场

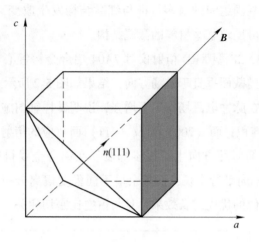

图 5-3 择优生长取向示意图

平行于晶体最大磁化率方向时磁能作用很小[116]。如图 5-4 所示，将顺磁性铝初生晶体置于 x-y 正交坐标系中，x 轴被定义为磁化率为 χ_1 的易轴，而 y 轴被定义为磁化率为 χ_2 的难轴，易轴与难轴磁化率差 $\chi_1 - \chi_2 = 0.5 \times 10^{-6}$，易轴与磁场方向在 x-y 平面的投影夹角为 ω，而在 x-y 平面内的磁场强度：

$$H_{x\text{-}y} = H \cdot \sin\phi \tag{5-1}$$

简化为二维向量分析，则有：

$$H_{x\text{-}y} = H_x\cos\omega + H_y\sin\omega \tag{5-2}$$

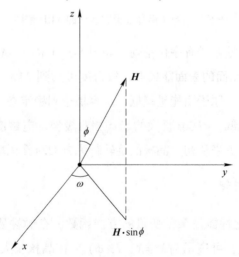

图 5-4 晶体旋转坐标示意图

总磁化强度可表示为:

$$\boldsymbol{M}_s = M_1 \cos\omega + M_2 \sin\omega \tag{5-3}$$

易轴与难轴的磁化强度分别可表示为:

$$\boldsymbol{M}_1 = \mathcal{X}_1 \boldsymbol{H}_{x\text{-}y} \cos\omega \tag{5-4}$$

$$\boldsymbol{M}_2 = \mathcal{X}_2 \boldsymbol{H}_{x\text{-}y} \sin\omega \tag{5-5}$$

α-Al 晶体在磁矩的作用下发生旋转并取向,达到磁能最小的晶体学平衡位置,磁能可表示为:

$$E_m(\omega, \boldsymbol{H}) = -\frac{1}{2} V_s \boldsymbol{H}_{x\text{-}y}^2 [\mathcal{X}_2 + (\mathcal{X}_1 - \mathcal{X}_2)\cos^2\omega] \tag{5-6}$$

当 $\omega = 0$ 时,

$$E_m(0, \boldsymbol{H}) = -\frac{1}{2} V_s \mathcal{X}_1 \boldsymbol{H}_{x\text{-}y}^2 \tag{5-7}$$

当 $\omega = \pi/2$ 时,

$$E_m(\pi/2, \boldsymbol{H}) = -\frac{1}{2} V_s \mathcal{X}_2 \boldsymbol{H}_{x\text{-}y}^2 \tag{5-8}$$

式中,V_s 为单个晶体体积。

晶体旋转方向由各个晶轴的顺磁磁化率而决定,由于 $\mathcal{X}_1 > \mathcal{X}_2$,则有 $E_m(0, \boldsymbol{H}) < E_m(\pi/2, \boldsymbol{H})$。而初生 α-Al 在磁场中旋转过程受惯性力矩、黏性力矩、洛伦兹力矩和磁化力矩共同影响发生旋转运动,其中惯性力矩和磁化力矩是主要动力,作用力可表示为[117]:

$$\underbrace{\frac{2}{5}\rho r^5 \frac{\mathrm{d}^2\omega}{\mathrm{d}t^2}}_{\text{惯性力矩}} + \underbrace{8\pi\eta r^3 \frac{\mathrm{d}\omega}{\mathrm{d}t}}_{\text{黏性力矩}} + \underbrace{\frac{4}{15}\pi r^5 GB^2 \frac{\mathrm{d}\omega}{\mathrm{d}t}}_{\text{洛伦兹力矩}} + \underbrace{\frac{1}{2\mu_0} V_s \boldsymbol{B}^2 (\mathcal{X}_1 - \mathcal{X}_2)\sin 2\omega}_{\text{磁化力矩}} = 0 \tag{5-9}$$

式中,G 为电导率;μ_0 为真空磁导率;η 为黏度;r 为晶粒半径。

假设只有惯性力为晶粒旋转的主要动力,令惯性力与黏性力、洛伦兹力之和的比值为1:

$$\frac{\text{惯性力矩}}{\text{黏性力矩} + \text{洛伦兹力矩}} = \frac{\dfrac{2}{5}\rho r^5 \dfrac{\mathrm{d}^2\theta}{\mathrm{d}t^2}}{8\pi\eta r^3 \dfrac{\mathrm{d}\theta}{\mathrm{d}t} + \dfrac{4}{15}\pi r^5 GB^2 \dfrac{\mathrm{d}\theta}{\mathrm{d}t}}$$

$$\approx \frac{3\rho r^2}{2\pi(30\eta + r^2 GB^2)t'} = 1 \tag{5-10}$$

式中,t' 为特征时间。

将纯 Al 的物理参数($\rho = 2700 \text{ kg/m}^3$,$\eta = 0.0035 \text{ kg/(m·s)}$,$G = 3.538\times10^7$

$\Omega^{-1} \cdot m^{-1}$）代入式（5-10）。在磁感应强度为 0.1 T 时，半径为 10 μm 晶粒的惯性力导致旋转作用时间仅为 10^{-6} s，而对于半径为 1 μm 晶粒的惯性力导致旋转作用时间仅为 10^{-8} s。对于铝晶体来说，惯性力项可以被忽略，式（5-9）可简化为：

$$8\pi\eta r^3 \frac{d\omega}{dt} + \frac{4}{15}\pi r^5 GB^2 \frac{d\omega}{dt} + \frac{2\pi}{3\mu_0}r^3 \boldsymbol{B}^2(\chi_1 - \chi_2)\sin2\omega = 0 \qquad (5-11)$$

对式（5-11）进行积分转换：

$$\frac{\tan\omega}{\tan\omega_0} = \exp\left[-\frac{5t\boldsymbol{B}^2(\chi_1 - \chi_2)}{\mu_0(30\eta + r^2 GB^2)}\right] \qquad (5-12)$$

式中，ω_0 为磁场强度与易轴在 0 时刻的初始夹角；ω 为旋转后的角度；t 为晶体旋转时间，也为磁场作用时间。

对于不考虑惯性力的非连续脉冲电磁场，加入占空比 α 后，t 仍为晶体旋转时间，但磁场作用时间为 αt，则有脉冲磁场下晶体旋转公式：

$$\frac{\tan\omega}{\tan\omega_0} = \exp\left[-\frac{5\alpha t\boldsymbol{B}^2(\chi_1 - \chi_2)}{\mu_0(30\eta + r^2 GB^2)}\right] \qquad (5-13)$$

在 ω_0 等于 0°或者 90°时，理论上晶体无法旋转。假定初始位置为 89°时进行旋转，易轴与难轴磁化率差值为 0.5×10^{-6}；脉冲占空比为 40%时，利用式（5-13）计算可转动角度（$\Delta\omega = \omega - \omega_0$）随磁场施加时间及磁感应强度的变化关系，结果如图 5-5 所示。图 5-5（a）是一个 10 μm 晶粒在 153 mT 脉冲磁场作用下的旋转情况，从磁场几乎垂直易轴的初始状态开始旋转，经过 20 s 可以旋转 31°，完成了 34%的旋转过程，经过 45 s 则几乎可以完成旋转过程，长时间施加磁场有助于晶粒形成择优取向，所以磁场占空比越大则晶体完成旋转所需的时间越少，与图 5-2 的试验结果一致。图 5-5（b）为磁感应强度对旋转过程的影响，在磁感应强度为 1 T 时晶体仅在 1 s 内就可以完成旋转过程；而磁感应强度为 50 mT 时，则旋转需要 186 s，磁感应强度越大则旋转时间越短，所以磁感应强度对取向的影响也十分显著。

图 5-6 为晶体旋转 30°时晶粒尺寸与旋转时间的关系。随着晶粒半径的增加，旋转所需时间更长，旋转过程更为困难，尤其是在晶粒尺寸大于 10^{-4} m 时，晶粒旋转很难完成。

根据式（5-9），晶粒半径对于洛伦兹力项的影响最显著。在晶粒尺寸较小时，洛伦兹力作用并不是那么突出；晶粒尺寸大于 10^{-4} m 时，洛伦兹力作为阻

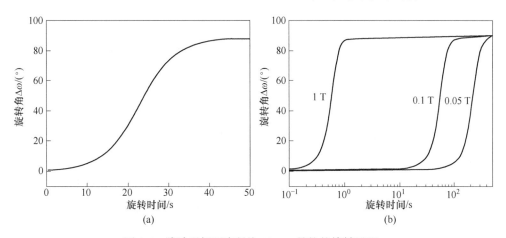

图 5-5 脉冲磁场下半径为 10 μm 晶粒的旋转过程

(a) 磁感应强度为 153 mT 时旋转角度与时间的关系；(b) 磁感应强度与旋转时间的关系

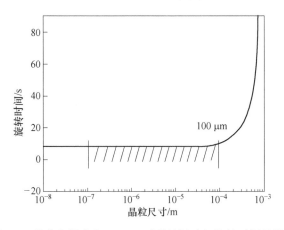

图 5-6 磁感应强度为 153 mT 时晶粒尺寸与旋转时间的关系

力项阻碍晶粒旋转，晶粒细小是能否完成择优取向形成的重要条件。此外，磁能作用效果与晶粒半径、磁感应强度及磁化率有关，而晶粒半径、磁化率又是温度的函数，应考虑温度对晶粒取向的影响。当磁能差大于体系热混乱能时：

$$\Delta E_{\mathrm{m}} > kT \qquad (5\text{-}14)$$

$$\frac{1}{2} V_{\mathrm{s}} \chi H^2 > kT \qquad (5\text{-}15)$$

式中，k 为玻尔兹曼常数；T 为温度。

在凝固点附近 650 ℃时，0.1 T 所产生的磁能大于体系热扰动的临界晶核半径为 225 nm。若使晶体在更短时间内完成 30°旋转，临界旋转晶粒尺寸应保持在 225 nm~100 μm 之间。

5.2　脉冲电磁场对晶体结构的影响

5.2.1　脉冲电磁场对晶格常数的影响

晶格常数决定了晶体的结构特征，晶格常数发生的微小变化往往会给合金的性质、结构及性能带来重大变化[118]。在熔融状态 Al-Cu-Mg-Zn 合金体系中，溶质原子与溶剂原子相互碰撞攒动，凝固后主要以置换固溶体的形式形成稳定晶体。由于溶质原子与溶剂原子半径大小不同，在形成凝聚相时，必然在溶质原子附近的局部区域发生晶格畸变，形成结构应力场。晶格常数可以反映晶格畸变所造成的结构变形。当溶质原子半径比溶剂原子半径大时，晶格常数会显著增加；反之，晶格常数会降低。将测得的 XRD 衍射峰数据代入以下公式：

$$a = \frac{\lambda \sqrt{h^2 + k^2 + l^2}}{2\sin\theta} \tag{5-16}$$

可计算晶格常数，见表 5-1，其中，h、k、l 为晶面指数，λ 为射线波长。

表 5-1　试验测得 α-Al 晶体的晶胞参数

米勒指数 （hkl）	状　　态	晶格常数 a/nm	平面间距 d/nm	晶格常数变化率 $\delta = \dfrac{a_0 - a}{a_0} \times 100\%$
(111)	未处理（a_0）	0.40468	0.23364	—
	用 20% 占空比处理（a）	0.40509	0.23388	0.101315
	用 40% 占空比处理（a）	0.40549	0.23411	0.200158
	用 100% 占空比处理（a）	0.40509	0.23388	0.101315
(200)	未处理（a_0）	0.40480	0.10119	—
	用 20% 占空比处理（a）	0.40514	0.10129	0.083992
	用 40% 占空比处理（a）	0.40548	0.10137	0.167984
	用 100% 占空比处理（a）	0.40548	0.10137	0.167984
(220)	未处理（a_0）	0.40539	0.7166	—
	用 20% 占空比处理（a）	0.40505	0.7160	−0.08387
	用 40% 占空比处理（a）	0.40572	0.7172	0.081403
	用 100% 占空比处理（a）	0.40539	0.7166	0

米勒指数 (hkl)	状 态	晶格常数 a/nm	平面间距 d/nm	晶格常数变化率 $\delta = \dfrac{a_0 - a}{a_0} \times 100\%$
(311)	未处理 (a_0)	0.40500	0.12211	—
	用20%占空比处理 (a)	0.40518	0.12217	0.044444
	用40%占空比处理 (a)	0.40561	0.12230	0.150617
	用100%占空比处理 (a)	0.40534	0.12222	0.083951

表 5-1 表明随着脉冲磁场占空比的增加，晶格常数呈增加趋势，同时晶面间距也有所增加，说明原子排列相对松散，尤其在两个衍射峰强度较大的 (111) 面和 (200) 面，这一规律尤为明显；但占空比 100% （稳恒磁场）时，磁场对晶格常数增加效果减弱。占空比为 20% 和 40% 时，磁场与电磁之间转换频率促进原子振动，利于空位形成与原子迁移，间接证明前述脉冲磁特性对原子激活热过程的原子振动频率或激活熵产生影响。假设磁场引起 α-Al 晶格常数变化量为[119]：

$$\Delta a = a_m - a_0 = f(X_{Cu, Mg, Zn}) + f(Y_{Cu, Mg, Zn}) \tag{5-17}$$

式中，a_m 为 α-Al 磁场处理后的晶格常数；a_0 为 Al 纯金属晶格常数；$X_{Cu, Mg, Zn}$ 为各溶质元素的溶解度；$f(X_{Cu, Mg, Zn})$ 为溶质原子溶解在 α-Al 中引起的晶格常数平均变化量；$Y_{Cu, Mg, Zn}$ 为溶质元素的体积分数；$f(Y_{Cu, Mg, Zn})$ 为溶质原子分布在基体中由于热膨胀系数不同引起的晶格常数变化，为温度的非线性函数。

凝固时影响 α-Al 晶格常数的因素有：溶质元素的溶解度、加入溶质元素的体积分数和温度。试验中后两者保持一定时，溶质元素在基体的溶解度成为主要因素。

图 5-7 给出了 7A04 铝合金主要溶质元素溶入基体形成固溶体后所引起的晶格常数变化规律。一般 Mg 的溶解度增加 1%，α-Al 的晶格常数会增加 5×10^{-4} nm，同样 Zn 的固溶度每增加 1% 可以引起 α-Al 的晶格常数降低 5.4×10^{-5} nm，而 α-Al(Cu) 固溶体晶格常数变小[120]。晶格常数增加势必由 Mg 元素在 α-Al 的固溶度增大所致。在脉冲电磁场处理并形成凝聚相时，加速晶核之间的碰撞，原子相互交换频繁，提高了溶质元素在 α-Al 中的固溶度。7A04 铝合金的主要强化元素是 Zn 和 Mg，Cu 的主要作用是提高基体耐腐蚀性能，在适量加入后具有一定的强化作用，也是改善固溶体综合性能的一种新途径。

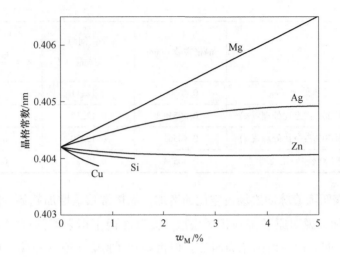

图 5-7   溶质元素在 α-Al 基体中形成置换固溶体引起的晶格常数变化规律[121]

5.2.2   脉冲电磁场对微观应变的影响

适当的微观应变可强化组织，而微观应变过大则加速形成晶间微观裂纹[122]。在凝固时，脉冲电磁场致使晶格常数改变并以微观应变的形式体现出来。Macherauch[123]将微观应力分为两类：一类是存在于少数几个晶粒范围内并保持平衡的应力，另一类是存在于一个晶粒内原子范围并保持平衡的内应力。微观应变会使 XRD 衍射峰变宽，也可使衍射强度减弱。利用解卷积分数学模型计算出微观应变引起的衍射峰真实加宽 $FW(S)$：

$$FW(S) = FWHM^D - FW(l)^D \tag{5-18}$$

式中，$FW(S)$ 为微观应变引起的真实加宽；$FWHM$ 为衍射峰的半高宽；$FW(l)$ 为仪器衬底的宽度；D 为反卷积参数。

微观应变可以用应变量（Δd）与晶体面间距（d）的比值来表示，即[124]：

$$\text{Strain}\left(\frac{\Delta d}{d}\right) = \frac{FW(S) \cdot \cos\theta}{4\sin\theta} \tag{5-19}$$

式中，θ 为 X 射线衍射角，微观应变与 XRD 衍射峰的半高宽成正比关系。

图 5-8 为 7A04 铝合金在脉冲电磁场处理后凝固组织微观应变的测定结果。随着占空比增加微观应变逐渐增强，当脉冲占空比为 20% 后，微观应变值由 $\varepsilon = 8.79 \times 10^{-4}$ 增加至 $\varepsilon = 1.024 \times 10^{-3}$，当占空比增加至 40% 时，α-Al 的微观应变值增加至 $\varepsilon = 1.0278 \times 10^{-3}$。

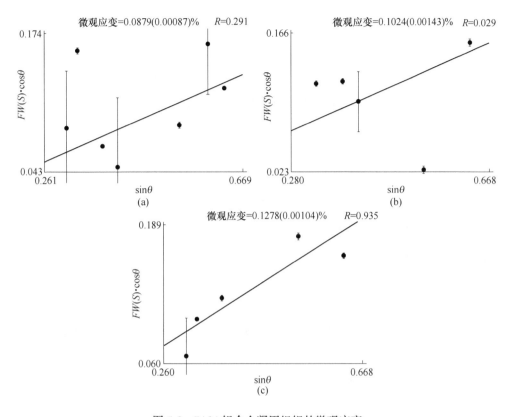

图 5-8 7A04 铝合金凝固组织的微观应变

（a）未处理；（b）153 mT 脉冲磁场处理，占空比 20%；（c）153 mT 脉冲磁场处理，占空比 40%

磁场处理后，晶体的不完善主要体现在晶格畸变上，占空比对微观应力的影响可解释为以下观点：（1）形成凝聚相时，晶体内部 Al 原子有序排列受到磁场影响，导致基体中溶入的 Mg、Zn 等大半径原子数量增加，由于受到原子间作用力的影响发生晶格畸变，这样导致晶粒内部或晶粒之间存在并保持平衡的应力增加，微观应变升高。（2）过饱和相析出行为也是微观应变升高的因素之一，当固溶相在晶界附近析出时，为保证与 α-Al 的共格关系在晶界周围出现大量的微观应变，析出相在基体中作为应变中心存在。（3）在施加脉冲电磁场过程中，对体系内部微单元产生的电磁力也能导致微观应力增加；但对于晶内作用较小，主要表现为在晶界处局部应力集中。结合前述内容，脉冲电磁场导致基体溶入的大半径原子数量增加引发晶格畸变是影响微观应变的主要原因。

6 脉冲电磁场下半连续铸造及压铸工业实践

根据前面的研究结果，设计了一套电磁能最优并适用于铝合金半连续铸造的熔体表面脉冲磁场处理装置。熔体表面脉冲磁场设计有效地削弱焦耳热、电磁力等因素对结晶器侧壁凝固界面处的影响，可更为直接地分析磁能渗入熔体现象在凝固过程中的作用。通过对铝合金、镁合金凝固过程处理，分析了凝固组织转变规律及凝固温度历程，深入探讨了表面脉冲磁场处理下组织演变机理。

6.1 熔体表面脉冲电磁场下半连续铸造工业实践

DC 半连续铸造已广泛应用于铜合金、镁合金、铝合金等有色金属铸锭的生产过程中，具有生产效率高、凝固组织均匀、铸造缺陷少等优点。7A04 铝合金铸锭 DC 半连续铸造生产时，采用添加细化剂（如 Al-Ti-B、Al-Ti-C 等）促进熔体异质形核的方法来增加晶核密度、抑制晶粒的生长，这样可促进增加等轴晶区。但是，在添加细化剂实现组织细化的同时，往往铝会与铝合金中的 Mn、Zr 等元素发生中毒反应，降低细化效率，降低铸锭合金纯度，增加生产成本。此外，DC 铸造铝合金也伴有心部开裂、偏析等缺陷。

将表面脉冲电磁场作为一种新型低成本、高效的晶粒细化技术引入 DC 铸造中，通过分析凝固组织性能及磁场下黏性流动熔体中的初生晶核运动形式，考察表面脉冲电磁场晶粒细化技术在铝合金 DC 铸造中的可行性，试图用电磁能细晶技术替代细化剂在半连续铸造中的使用。

6.1.1 表面脉冲电磁场下 DC 半连续铸造凝固组织及形成机理分析

本试验在某铝业公司的八流 DC 半连续铸机上进行，试验装置由电阻炉、浇铸盘、石墨环、结晶器、引锭装置、脉冲电源、表面脉冲发生器（中空水冷感应线圈及铁芯）等构成。无需对原 DC 铸造平台进行大规模改造，在铸锭浇铸口正上方增加脉冲发生器即可，同时脉冲发生器设有升降装置，可调节其与液面之间的距离。如图 6-1 所示，左侧为现场试验照片，右侧为铸锭及铸机单流纵截面示意图。与在凝固前沿进行电磁处理相比较，该设计的洛伦兹力在熔体表面形成微弱振动，而强制对流及焦耳热效应对熔体影响较小。

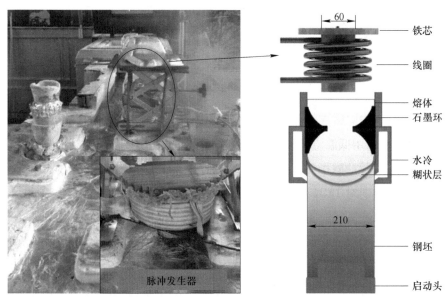

图 6-1 单流表面脉冲电磁凝固装置示意图

图 6-1 彩图

铝合金熔体经电阻炉加热至 730 ℃保温 0.5 h 后进行浇铸，熔体经流槽先后进入石墨环及结晶器水冷凝固。圆柱铸锭直径为 203 mm，铸造速度为 68 mm/min，冷却水量为 18 m³/h，冷却水温度为 19 ℃，在浇铸盘的主流槽内加入 Al-Ti-B 细化剂。如图 6-2 所示，试验对浇铸盘中熔体流向末端的一流进行表面电磁场处理，以保证熔体具有较低过热度浇铸及较小的温度波动，同时选取一流未施加磁场的铸锭作为参照试样进行对比。脉冲发生器位于浇铸口的正上方且与熔体自由表面间距小于 10 mm，在不破坏熔体表面氧化膜的同时对内部金属进行处理。铸造时需保证电磁脉冲处理位置附近熔体温度为 660 ℃，待浇铸温度及拉坯过程稳定后施加脉冲电磁场。电特性参数为：磁感应强度为 241 mT，脉冲频率为 20 Hz，单向脉冲占空比为 20%。浇铸完成后，取同一批次施加磁场与未施加磁场的铸锭试样进行组织观察及力学性能测试。取得良好的表面脉冲电磁场处理效果需满足以下条件：（1）熔体具有较低过热度；（2）有效的脉冲磁场处理工艺；（3）适当的熔体处理时间。

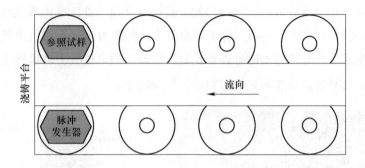

图 6-2 脉冲电磁处理及取样位置示意图

在铸造过程中向铸锭心部插入热电偶测定凝固冷却曲线如图 6-3 所示。由于 DC 铸造过程中采用低温浇铸技术，脉冲电磁场处理位置温度为接近液相线温度的 660 ℃，施加脉冲磁场后，凝固结束温度较传统铸造高 6 ℃，电磁处理阻碍凝固温度下降，分别对 7A04 铝合金铸锭横截面心部及边部组织进行观察，如图 6-4 所示。未施加脉冲磁场的凝固组织多呈带有一次枝晶的玫瑰状，心部晶粒尺寸较边部明显粗大，导致径向截面组织均匀性差。施加脉冲磁场后，铸锭心部及边部组织均显著细化，心部晶粒尺寸由 77.7 μm 降低到 60.1 μm，边部由 59.2 μm 降低到 50.8 μm，晶粒尺寸分别下降了 22.7% 和 14.2%。凝固组织形貌由玫瑰状转变为圆润的等轴晶，径向截面组织均匀性较好。

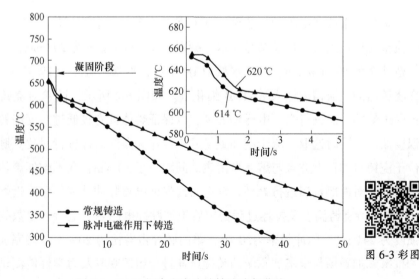

图 6-3 彩图

图 6-3 7A04 铝合金半连续铸造冷却曲线

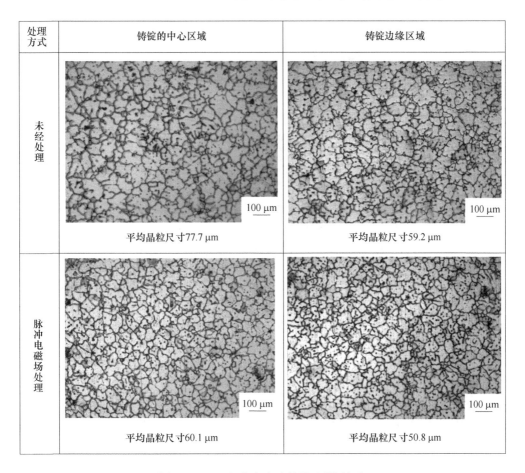

处理方式	铸锭的中心区域	铸锭边缘区域
未经处理	平均晶粒尺寸77.7 μm	平均晶粒尺寸59.2 μm
脉冲电磁场处理	平均晶粒尺寸60.1 μm	平均晶粒尺寸50.8 μm

图 6-4　7A04 铝合金半连续铸造凝固组织

按照国标 GB/T 228—2002 在铸锭中心区域取 ϕ10 mm×150 mm 的圆棒试样，试样轴向与铸锭轴向垂直，测定铸锭径向强度性能。将试样水平放置在实验台上，以 $\varepsilon=0.001\ \text{s}^{-1}$ 的形变速率进行拉伸至断裂为止。同时测定试样维氏硬度，加载力 10 kgf（98 N），每组试样测试 3 次取平均值，测试结果如图 6-5 所示。未施加磁场时，7A04 铝合金抗拉强度与硬度 HV 分别为 255 MPa 及 99.45，在表面脉冲处理后抗拉强度提高约 20 MPa，硬度 HV 提升约 10。从试样的断面收缩率及伸长率判断经磁场处理后试样塑性也有小幅度提升。

图 6-6 为拉伸试样的断口形貌。如图 6-6（a）和（b）所示，施加磁场后断口面上韧窝较多且深，多为穿晶断裂。对图 6-6（b）中圆圈处能谱显示断面颗粒状组织为 Al-Mg-Cu-Zn 化合物,其中 Cu 元素信号较强。当 Zn/Mg 质量比比值较

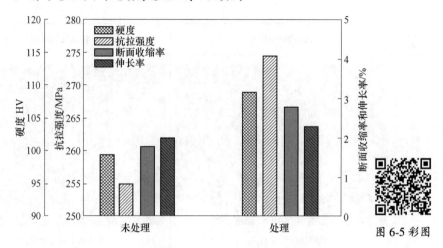

图 6-5 7A04 铝合金半连续铸造凝固组织力学性能

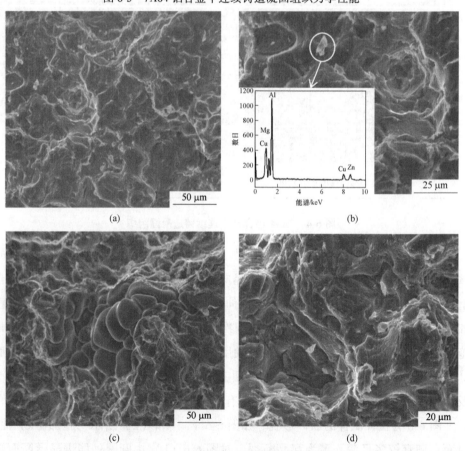

图 6-6 7A04 铝合金拉伸断口 SEM 形貌

（a）（b）施加磁场；（c）（d）未施加磁场

小时，Cu 含量越高塑韧性越差，颗粒较大的 Al-Mg-Cu-Zn 化合物被认为是断裂源之一。从图 6-6（c）和（d）可以看出未施加磁场得到的玫瑰状组织经拉伸断裂后，断面有大量的沿晶断裂特征，韧窝较小且浅，图 6-6（d）中存在明显的准解理带，趋于脆性断裂的特征。由此可见，凝固 α-Al 形貌特征对断裂形式也有影响。

6.1.2 脉冲电磁场下的凝固组织均匀化转变机理

6.1.2.1 脉冲电磁场分布特性

脉冲电磁场如图 6-7 所示，当脉冲电流通过感应线圈在熔体中形成梯度磁场 B 的同时，感应脉冲涡电流 J 也在熔体中产生，通过 B 与 J 的相互作用产生电磁力 $F = J \times B$。但电磁力并非完全垂直作用于熔体轴向，而是在熔体横截面呈一定角度存在。运用 ANSYS 有限元软件对熔体中磁感应强度分布情况进行计算，熔体顶部的磁感应强度等值面呈 W 形分布的梯度磁场，纵截面磁感应强度衰减显著，磁场在作用深度 40 mm 后基本消失，磁感应强度最大值为 0.241 mT。

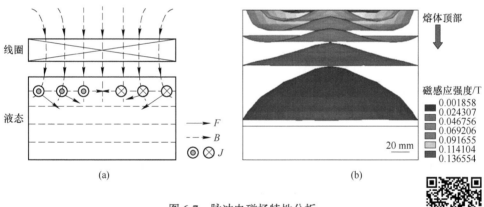

图 6-7 脉冲电磁场特性分析

（a）熔体中的感应磁场与感应电流；（b）熔体中的磁感应强度分布

图 6-7 彩图

6.1.2.2 熔体内自由晶核的运动

流动熔体在脉冲磁场作用过程中，产生由感应电流与磁感应强度形成的电磁力推动熔体运动 F_{drive}，同时导电熔体切割磁感线产生洛伦兹力形成流体运动阻力项 F_{drag}，因此由脉冲磁场引起的液态金属合力可以表示为：

$$F_{liquid} = F_{drive} - F_{drag} = J \times B - \sigma(\boldsymbol{v}_{liquid} \times B) \times B \qquad (6\text{-}1)$$

式中，σ 为熔体的电导率；$\boldsymbol{v}_{liquid}$ 为液体运动速度。

由于 $\boldsymbol{F}_{\text{drive}}$ 与 B 为一次函数关系，而 $\boldsymbol{F}_{\text{drag}}$ 与 B^2 成正比，并呈二次函数，故后者随磁感应强度增加而增长更快。如图 6-8 所示，通过对液态熔体受力分析可知，在磁感应强度较小的情况下，电磁驱动力占优，电磁合力随磁感应强度增加先增大后减小，甚至趋于零，存在一个电磁合力极大值。此外，受力情况也与熔体流动速度密切相关。由于熔体中初生 α-Al 与脉冲磁感应强度有着类似的关系，但它们存在两相界面且具有不同的物性特点，故运动形式更为复杂多变。

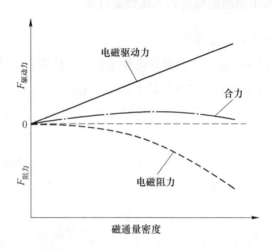

图 6-8　脉冲电磁场下液态金属中初生粒子受力示意图

初生 α-Al 除了随着熔体向拉坯方向运动，在磁势能及重力势能的作用下相对于熔体也发生运动。熔体在运动过程中存在着固相和液相混合，由于晶体颗粒的电导率是熔体的 $3 \sim 5$ 倍，当脉冲涡电流通过熔体时优先通过初生晶核，在固-液界面处会产生局部过热，同时磁电转换效应伴随着晶核生长，内部诱发形成较大感应电流密度因而承受的电磁振荡力较大，抑制其生长及枝晶化[125,137]。

初生 α-Al 内部会诱发形成较大感应电流密度，承受的电磁力也更大，所以此时脉冲磁场对晶核同样以磁势能的形式影响其运动。磁场条件下由于固-液相磁物性差异导致初生 α-Al 在熔体中受力改变。如图 6-9 所示，促使晶体颗粒相对于流体运动的驱动力有重力和浮力之差（G）及电磁力（$\boldsymbol{F}_{\text{m}}$），阻力有洛伦兹力（$\boldsymbol{F}_{\text{L}}$）及黏滞阻力（$\boldsymbol{F}_{\eta}$）。忽略熔体流动产生压力的影响，在未施加磁场时，初生 α-Al 在固-液界面准静态沉积的动力是由于固-液相密度差引起的重力势能产生的。施加磁场后，颗粒运动依靠梯度磁势能及重力势能。单个初生晶核具有的总势能 U 为重力势能 U_{g} 和磁势能 U_{m} 之和，可表示为[62,138]：

$$U = U_g + U_m = \Delta\rho^{\text{S-L}}gh + \frac{\Delta\chi^{\text{L-S}}|\boldsymbol{B}|^2}{2\mu_0} \tag{6-2}$$

式中，$\Delta\rho^{\text{S-L}}$ 为固-液相密度差，为 280 kg/m^3（ρ^{S} 为固相密度，ρ^{L} 为液相密度）；$\Delta\chi^{\text{L-S}}$ 为固-液相体积磁化率差 $(\chi^{\text{S}} - \chi^{\text{L}})$；$g$ 为重力加速度；h 为初生 α-Al 位于熔体中的相对高度，h 值越大，重力势能越大。

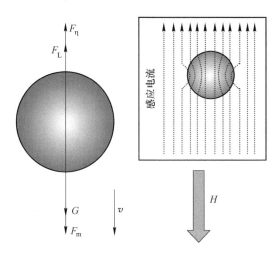

图 6-9　导电粒子在熔体中的受力示意图

当固相磁化率 χ^{S} 大于液相磁化率 χ^{L} 时，初生 α-Al 磁势能增加。以体积力密度（N/m^3）的形式表达熔体中 α-Al 颗粒的势能梯度可以表示为：

$$\boldsymbol{f} = -\,\mathbf{grad}\,U \tag{6-3}$$

假设距熔体表面以下 50 mm 处为零势能位，熔体中初生 α-Al 的总势能分布如图 6-10 所示，梯度磁场下体积力密度为 2825 N/m^3。晶体颗粒是由高势能位向低势能位运动，稳定位置位于熔体的底部。施加磁场可提高上层熔体总势能，对于固-液相磁导率差值较小颗粒来说，重力势能是导致晶核自由下落的重要因素；而对于磁导率相对较大的颗粒，磁势能是导致晶体颗粒下落的主要原因。正确施加脉冲电磁场对熔体的净化有重要作用，尤其是对磁导率相对较小且细小的 Al$_2$O$_3$ 颗粒具有分离效果。

当一个半径为 r 的球形颗粒以速度为 $\boldsymbol{v}$ 在熔体中运动时，不但受到式（6-3）给出的驱动力也受到运动阻力影响。用经典牛顿力学理论对熔体初生 α-Al 的迁移运动进行分析，固-液相分数超过 30% 时大部分颗粒尺寸超过枝晶间隙而无法继续移动，直接影响到熔体内部黏度特征，从而限制颗粒在熔体中的运动。结合

Stokes 黏滞阻力定律，对于一个 Reynolds 数小于 1 的球形颗粒受到合力可表示为[126-127]：

$$F = \frac{4}{3}\pi r^3 \Delta\rho^{\text{L-S}}gh + \frac{4}{3}\pi r^3 \frac{\Delta\chi^{\text{L-S}}H^2}{2} - \sigma(\boldsymbol{v}\times\boldsymbol{B})\times\boldsymbol{B} - 6\pi r\eta_0\boldsymbol{v} \quad (6\text{-}4)$$

重力　　　　　　磁化力　　　　　　洛伦兹力　　黏性力

式中，σ 为熔体的电导率；$\boldsymbol{v}$ 为晶核运动速度；η_0 为无磁场时熔体的黏度系数。

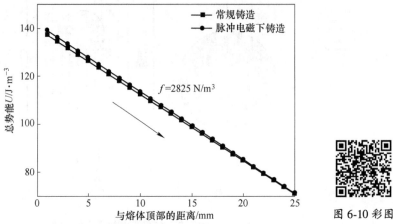

图 6-10 彩图

图 6-10　总势能分布

对于目前的试验条件，$\sigma = 4.132\times10^6 \ \Omega^{-1}\cdot\text{m}^{-1}$，$\eta_0 = 1.15\times10^{-3} \ \text{Pa}\cdot\text{s}^{[128]}$。初生 α-Al 在磁场中运动引起周围的熔体切割磁感线产生洛伦兹力，洛伦兹力对其运动的阻碍可等效为熔体黏滞阻力的增加[129]。脉冲磁场对颗粒周围流体运动的抑制作用强度可用反映流体切割磁感线导致的磁黏滞力与机械黏滞阻力关系的 Hartmann 数表示[38]：

$$Ha = \boldsymbol{B}r\sqrt{\frac{\sigma}{\eta_0}} \quad (6\text{-}5)$$

磁场下导电熔体的黏度系数可以表示为[130]：

$$\eta \approx \eta_0\left(1 + \frac{1}{3}Ha\right) \quad (6\text{-}6)$$

将洛伦兹力项并入黏性力中，颗粒速度达到匀速时，式（6-4）可以化简为：

$$\frac{4}{3}\pi r^3\rho^{\text{S}}\frac{\text{d}\boldsymbol{v}}{\text{d}t} = \frac{4}{3}\pi r^3\boldsymbol{f} - 6\pi r\eta\boldsymbol{v} \quad (6\text{-}7)$$

对等式进行积分计算，当施加脉冲磁场初始条件（当 $t = 0$ s 时，$\boldsymbol{v} = 0$ m/s）

时有:

$$\boldsymbol{v} = \frac{2r^2}{9\eta}\boldsymbol{f} - \frac{2r^2}{9\eta}\boldsymbol{f}\exp\left(-\frac{9\eta}{2r^2\rho^{\mathrm{S}}}t\right) \tag{6-8}$$

加速时间项很小并忽略,则有:

$$\boldsymbol{v} \approx \frac{2r^2}{9\eta}\boldsymbol{f} \tag{6-9}$$

将式 (6-5)、式 (6-6) 代入式 (6-9),脉冲梯度磁场下颗粒的速度可以表示为:

$$\boldsymbol{v} \approx \frac{2r^2}{9\eta_0 + 3\eta_0 Ha}\boldsymbol{f} = \frac{2r^2\boldsymbol{f}}{9\eta_0 + 3Br\sqrt{\sigma\eta_0}} \tag{6-10}$$

初生 α-Al 在熔体中假想为液溶胶,运动速度低,颗粒半径小,大部分溶胶粒子的运动属于低 Reynolds 数区;利用 Stokes 定律准确预测 α-Al 粒子黏性力需满足有效 Reynolds 数,即:

$$Re = \frac{2\rho^{\mathrm{L}}r\|\boldsymbol{v}\|}{\eta} = \frac{4\rho^{\mathrm{L}}r^3\|\boldsymbol{f}\|}{9(\eta_0 + 1/3Br\sqrt{\sigma\eta_0})^2} < 1 \tag{6-11}$$

根据式 (6-11) 判断在梯度磁场下运动颗粒尺寸的最大临界值,如图 6-11 所示。在各磁感应强度区域的颗粒需小于该临界尺寸 9.9×10^{-5} m 才满足计算精度要求。

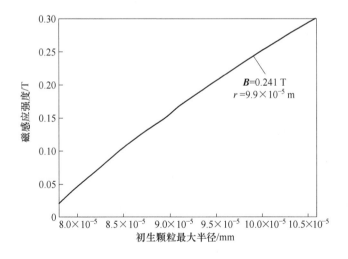

图 6-11 梯度磁场下满足颗粒运动的最大临界半径

根据式 (6-10) 计算脉冲磁场为 0.241 T 时初生颗粒运动速度与颗粒半径之间的关系,如图 6-12 所示,随着颗粒半径增加运动速度显著增加。在 $Re<1$ 时,

若 $Ha \gg 1$，磁场对颗粒的运动产生磁抑制，抑制作用时间取决于占空比。而在目前该试验条件下可见，磁场对绝大多数初生颗粒的动力黏度影响较小。当施加磁场后，使更多初生 α-Al 晶粒的迁移速率增加，优先堆积到低势能位置，减少晶体生长时间，促使晶粒细化；对不同尺寸的晶核进行选择性加速，促进熔体中的初生相在进入结晶器前分布更加均匀。

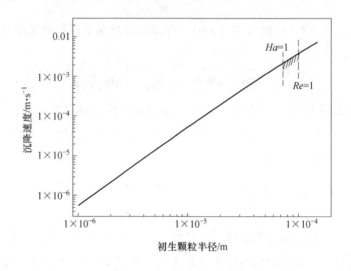

图 6-12　初生颗粒的运动速度

6.1.3　表面脉冲电磁场对无细化剂 DC 铸造凝固组织的影响

生产中如果不添加 Al-Ti-B 晶粒细化剂，铸锭极易形成发达的柱状组织，严重影响铸锭质量。另外，Al-Ti-B 细化剂价格昂贵，使用不当会对铸锭产生污染或引入夹杂物。本试验研究了表面脉冲电磁场对未添加细化剂的铝合金凝固组织的影响。

选取浇铸盘中熔体流向末端一组圆棒铸锭（2 根）的浇铸过程进行试验，对其中一流进行表面电磁场处理，另一流为对比参照试样。以铸锭尺寸为 ϕ203 mm×2000 mm，待铸造参数稳定后，将铸锭沿长度方向等分 6 段，每段施加不同脉冲电磁参数，具体见表 6-1。铸造过程中，对石墨环及保温帽内（结晶器以上）的熔体进行温度测定，分析脉冲磁场对熔体温度的影响，测定位置如图 6-13 所示。其中 A 点位置位于结晶器附近的两相区，而 B 和 C 两点在保温帽内的高温熔池中。

表 6-1 试验参数

试样编号	频率 /Hz	脉冲占空比 /%	峰值电流 /A	磁感应强度 /mT
1 号	20	20		
2 号	40	20		
3 号	60	20	100	241
4 号	20	10		
5 号	20	40		
6 号	20	60		

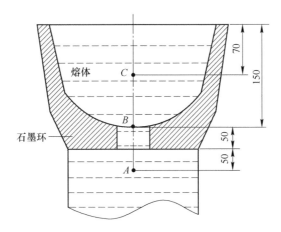

图 6-13 DC 铸造时温度测定位置示意图（单位：mm）

图 6-14 显示了图 6-13 中沿铸锭轴向中心线 A、B、C 三个位置的温度变化情况。可以发现在实际铸造过程中由于熔体流动速度、温度控制复杂，随时间的变化，熔池内部温度存在一定范围的波动。图 6-14（a）和（b）中 C、B 位置经电磁脉冲处理的熔体温度低于未处理熔体温度，C 位置两者温度差明显高于 B 位置。在脉冲电磁场产生的电磁力驱动下自由液面附近的熔体出现了强制对流。而 B 位置远离脉冲磁场，受强制对流作用较小，两者温差较小。当熔体进入邻近两相区的 A 位置后，经电磁脉冲处理的两相区温度反而高于未处理熔体，这样导致凝固前沿位置下降，同时对熔体的凝固相变产生影响。两相区温度升高表明，施加脉冲电磁场后凝固潜热释放增加。

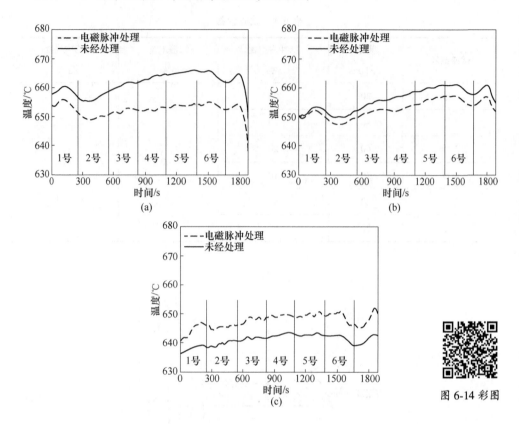

图 6-14　DC 铸造时熔体中三个位置的温度变化情况

（a）位置 C；（b）位置 B；（c）位置 A

　　由于脉冲电磁场影响熔体的温度环境，因此对铸锭表面质量也有所改善。如图 6-15 所示，在脉冲电磁场作用下铸锭表面光滑且无冷隔、凹坑，表面质量明显提高。半连续铸锭表面缺陷大部分产生在结晶器内部的初生凝壳部分，凝固相变常常引发体积收缩使铸锭离开结晶器壁形成气隙，散热不均匀容易产生表面缺陷。施加脉冲磁场后由于两相区位置降低，一方面初凝壳形成位置同样降低，减少了其在结晶器中停留时间，削弱了铸锭表面再熔化逆偏析现象的发生；另一方面，由于两相区温度较高，形成低黏度系数场，易于初生粒子及两相熔体运动，及时消除冷隔、凹坑。

　　分别测定未处理与电磁处理铸锭在心部凝固晶粒尺寸数据。图 6-16 是占空比 20% 时不同脉冲频率对晶粒尺寸的影响，随着频率的增加，脉冲晶粒细化率减弱。如图 6-17 所示，在频率 20 Hz 时，脉冲占空比为 20% 时对熔体处理可以获得更细小的晶粒尺寸。

图 6-15 7A04 合金铸锭的表面质量

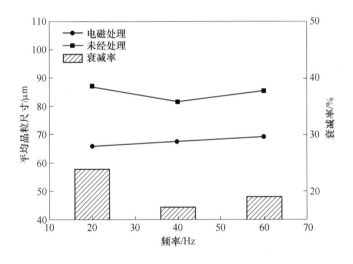

图 6-16 脉冲频率对 7A04 铝合金平均晶粒尺寸的影响

　　细化剂的目的是向正在结晶凝固中的金属熔体提供外来晶核从而进行孕育处理,与添加细化剂的铸锭相比,虽然电磁脉冲晶粒细化效果有所减弱,但在 20 Hz、占空比 20% 的脉冲参数下处理仍可实现约 24% 的晶粒细化率。正如前面的研究一样,脉冲电磁能技术在一定程度上对 DC 铸造中的流动熔体有促进形核的作用,但利用电磁能量传输原理解释形核并进行工业生产应用仍需进行大量的实践验证。

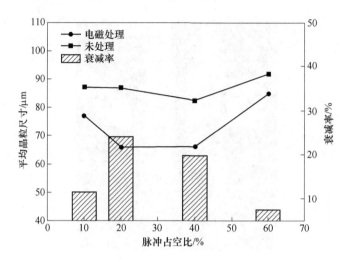

图 6-17   脉冲占空比对 7A04 铝合金平均晶粒尺寸的影响

6.2   脉冲电磁场对稀土镁合金压铸组织的影响

经脉冲电磁场处理后的稀土镁合金凝固组织力学性能显著提高，在此进一步研究稀土 AZ91D 镁合金浆料压铸成型后的组织和力学性能，探究浇注温度、增压压力及压射速度对压铸合金组织和力学性能的影响。试验流程示意图如图 6-18 所示，将 AZ91D 和 Mg-25La 中间合金放置在石墨坩埚中通过电阻熔炼炉加热至 720 ℃，保温 5 min，全程在 SF$_6$ 气体保护下进行。将熔体倒入位于脉冲电磁场中的石墨坩埚处理 45 s，同时用 K 型热电偶测定温度，待浆料达到浇注目标温度时，将浆料倒入压铸机入料口，进行压铸试验，压铸试验采用 GSI SNC300 冷室压铸机。分析原始 AZ91D、稀土 AZ91D（AZ91D-0.75La）及脉冲磁场处理后稀土 AZ91D（AZ91D-0.75La）压铸态组织及其性能。

6.2.1   脉冲磁场对压铸 La-AZ91D 镁合金凝固组织的影响

图 6-19 为压铸态 AZ91D 和有无脉冲磁场处理 AZ91D-0.75La 压铸合金的 X 射线衍射结果。从图中可以看出 AZ91D 合金主要由基体 α-Mg 和 β-Mg$_{17}$Al$_{12}$ 两种物相组成，在 AZ91D 镁合金中加入 0.75%La 稀土后除了 α-Mg 和 β-Mg$_{17}$Al$_{12}$ 两相之外，压铸态组织也出现 Al$_2$La。

图 6-20 为 AZ91D 和有无脉冲电磁处理 AZ91D-0.75La 压铸镁合金的金相组

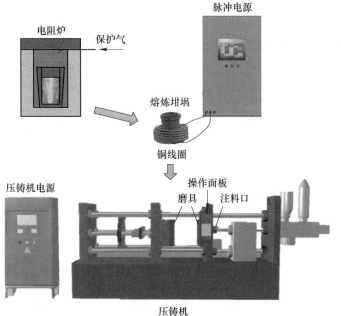

图 6-18　试验流程示意图

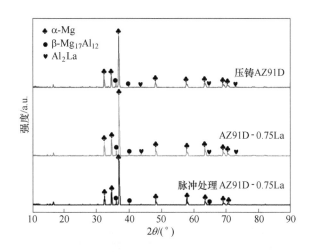

图 6-19 彩图

图 6-19　压铸态合金 X 射线衍射图谱

织。压铸态 AZ91D 合金的显微组织主要由 α-Mg 基体和灰色网状半连续的 β-Mg$_{17}$Al$_{12}$
组成，与铸态组织相比，经过压铸后组织明显更加紧密细小。在 AZ91D 中加入
0.75La 后，整体组织变得更加密集，但是第二相分布不均匀，部分出现团聚现
象，放大倍数观察发现出现新的针状化合物，新的针状化合物为 Al$_2$La；而脉冲

处理后的 AZ91D-0.75La 合金组织更加均匀，半连续的网状结构的 β-Mg₁₇Al₁₂明显减少。通过对压铸合金 500 倍下的第二相面积占比统计发现，在 AZ91D 中加入稀土 0.75%La 后可识别的第二相面积占比从 16.68% 减小到 13.49%，而经过脉冲处理后的 AZ91D-0.75La 第二相面积占比持续减小到 9.62%，说明在压铸组织中第二相细化明显，且均匀分布。

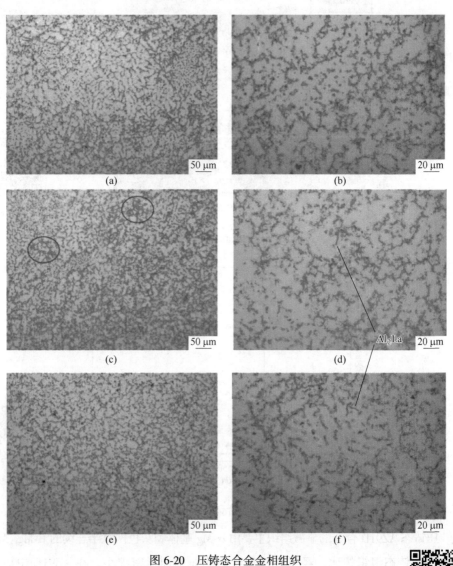

图 6-20　压铸态合金金相组织

(a)（b）原始 AZ91D；(c)（d) AZ91D-0.75La 合金；

(e)（f）脉冲磁场处理后的 AZ91D-0.75La 合金

图 6-20 彩图

　　图 6-21 为压铸态 AZ91D 和有无施加脉冲处理的 AZ91D-0.75La 镁合金 SEM
形貌。利用 EDS 分析图中 a~f 位置的成分组成，见表 6-2。其中灰色网状结构 a
为 β-Mg$_{17}$Al$_{12}$，b 为 α-Mg 基体，c 为加入稀土 La 后而产生团聚的 Al$_2$La 稀土相，
d 为针状 Al$_2$La，e 为脉冲处理后被限制生长的 Al$_2$La。结合 XRD 与金相图进一步
验证了 AZ91D 压铸合金主要由基体 α-Mg 与 β-Mg$_{17}$Al$_{12}$组成，AZ91D-0.75La 压
铸合金显微组织主要由基体 α-Mg、β-Mg$_{17}$Al$_{12}$和 Al$_2$La 稀土相组成，其中脉冲处
理合金浆料后可以有效改善第二相微观组织形貌。

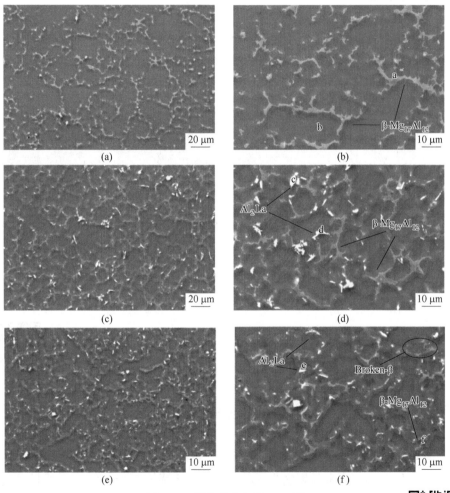

图 6-21　压铸态合金的 SEM 图

（a）（b）原始 AZ91D；（c）（d）AZ91D-0.75La 合金；

（e）（f）脉冲磁场处理后的 AZ91D-0.75La 合金

图 6-21 彩图

表 6-2   压铸态合金 EDS 结果　　　　　　　（质量分数,%）

压铸态合金	点	Mg	Al	Zn	Mn	La
AZ91D	a	75.5	22.2	1.8	0.1	0
AZ91D	b	95.9	3.8	0.2	0.1	0
AZ91D-0.75La	c	26.2	36.0	1.0	0.5	36.3
AZ91D-0.75La	d	72.7	13.9	0.9	0.7	11.8
脉冲磁场处理后的 AZ91D-0.75La	e	32.1	30.9	0.9	2.4	33.7
脉冲磁场处理后的 AZ91D-0.75La	f	80.2	17.9	1.9	0	0

图 6-22 为脉冲处理前后的 AZ91D-0.75La 压铸镁合金的 EBSD。经过脉冲处理后的母相合金平均晶粒尺寸从 12.56 μm 减少到 9.73 μm，晶粒细化了11.79%，出现更多细小的等轴晶。其中针状稀土相也明显变短。

平均晶粒尺寸: 9.73 μm　　　　　　　　　　平均晶粒尺寸: 12.56 μm
　　　　　(a)　　　　　　　　　　　　　　　　　　(b)

图 6-22　脉冲处理前后的 AZ91D-0.75La 压铸镁合金的 EBSD
(a) 施加脉冲处理；(b) 未施加脉冲处理

图 6-22 彩图

6.2.2　脉冲磁场对压铸 La-AZ91D 镁合金力学性能的影响

图 6-23 为压铸态 AZ91D 和脉冲磁场处理前后 AZ91D-0.75La 合金的维氏硬度。压铸态 AZ91D 合金的硬度为 59.2 HV，加入稀土 0.75%La 后，维氏硬度提高到 71.4 HV，维氏硬度提高的原因主要是由于加入稀土 La 后细晶强化，同时加入的稀土 La 与 Al 元素形成 Al_2La 稀土相，新形成的 Al_2La 对晶界具有钉扎效应，阻碍变形过程中晶界的滑移过程以及位错的运动，形成第二相强化从而提高

硬度；脉冲磁场处理后的 AZ91D-0.75La 压铸合金的维氏硬度增加到 76.6 HV，由于脉冲磁场导致第二相形貌发生改变，形成更加短小的第二相弥散分布在晶体中，使合金中以第二相强化和弥散强化为主，同时母相晶粒尺寸也减小产生细晶强化，第二相面积占比统计也与之相对应。

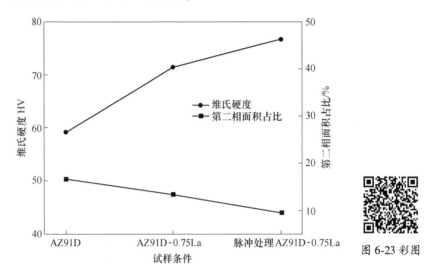

图 6-23 彩图

图 6-23 镁合金的维氏硬度与第二相面积占比

6.2.3 压铸工艺对 AZ91D-0.75La 组织与力学性能的影响

浇注温度是金属液注入压室的温度，生产中是通过控制保温炉中合金液的温度来实现控制浇注温度。图 6-24 为不同浇注温度下的金相组织。在压铸浇注温度为 660 ℃时合金组织粗大，有较多的树枝晶，弥散分布的第二相很少，第二相面积占比为 19.63%；当浇注温度为 700 ℃时，合金的组织更加密集，但出现的网状结构的 $\beta\text{-Mg}_{17}\text{Al}_{12}$ 脆性相增多且粗大，第二相面积占比为 28.73%。图 6-25 为不同浇注温度下合金的维氏硬度和第二相面积占比图。在 660 ℃浇注时维氏硬度仅为 68.4 HV，浇注温度增加到 680 ℃时维氏硬度为 76.6 HV，此时硬度达到最高，当浇注温度再增加到 700 ℃时维氏硬度下降到 65.3 HV。

在浇注温度较低的情况下，合金浆料的流动性差，不利于充型，容易造成合金浆料在充型未完成时就凝固，从而形成压铸件中缩孔、冷隔等缺陷。在浇注温度较高时，合金浆料中容易溶于更多气体，导致带入更多的气体形成气孔，充型过程中合金内部容易产生一个温度梯度，从而引起热残余应力的积累。这些应力

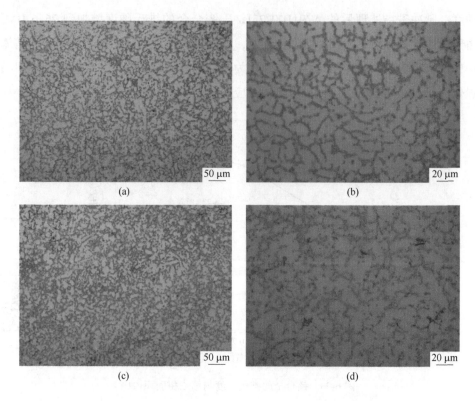

图 6-24　不同浇注温度下合金的金相组织

（a）（b）660 ℃；（c）（d）700 ℃

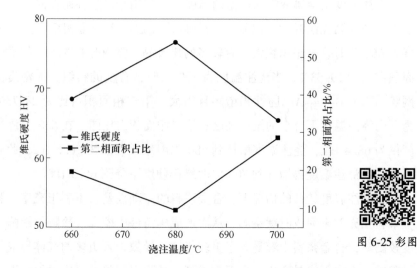

图 6-25　不同浇注温度下合金的维氏硬度和第二相面积占比

可能导致压铸件的变形、开裂或失效。

图 6-26 为不同压射速度下合金的金相组织。分别在 5 m/s 和 7 m/s 压射速度下形成的合金第二相都主要以游离、不完全连续的 β-Mg$_{17}$Al$_{12}$ 和针状稀土相 Al$_2$La 组成，但发现在压铸速度为 5 m/s 时，相对粗化的针状稀土相大量分散在基体中，这并不是希望得到的铸造组织。图 6-27 为不同压射速度下合金的维氏硬度和第二相面积占比。5 m/s 和 7 m/s 两个压射速度下形成的合金维氏硬度分别为 71.5 HV 和 69 HV，第二相面积占比统计分别为 10.48% 和 13.66%，都不足 6 m/s 压射速度下形成的合金维氏硬度。

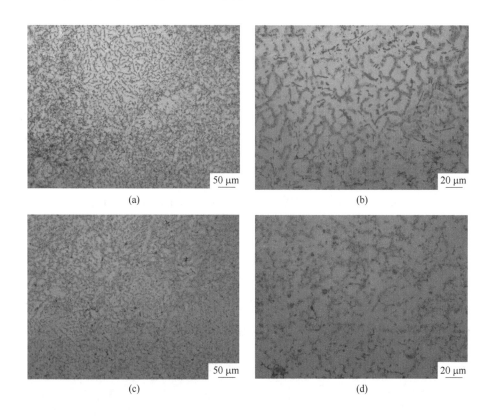

图 6-26 不同压射速度下合金的金相组织

（a）（b）5 m/s；（c）（d）7 m/s

在工程生产中，压射速度的变化会影响凝固速度。一般来说，较高的压射速度会导致更快的凝固速度，从而有助于形成较细小的晶粒，抑制相的生长，这对于提高材料的力学性能和表面质量是有利的。然而，过快的压射速度可能导致金属浆料无法完全充填整个模腔，造成浇注不良、空洞或未充填部分，也可能会引入空气，这都会导致压铸件质量下降，出现缺陷和强度不足。过慢的压射速度会导致金属浆料无法充分填充整个模腔，造成浇注不良、缺陷和未充填部分，气体也可能未能及时排出，在低压射速度 5 m/s 下，稀土针状化合物充分粗化。

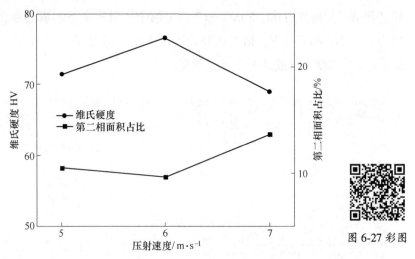

图 6-27 彩图

图 6-27   不同压射速度下合金的维氏硬度和第二相面积占比

图 6-28 为不同增压压力下合金的金相组织。在 7 MPa 增压压力下形成针状第二相，而在 9 MPa 增压压力下，第二相被机械断裂，形成细化分散的稀土相，但是超过 12 MPa 过后针状组织又开始粗大，这与冷却条件下的第二相形成动力学有关。图 6-29 为不同增压压力下合金的维氏硬度和第二相面积占比。在 7~

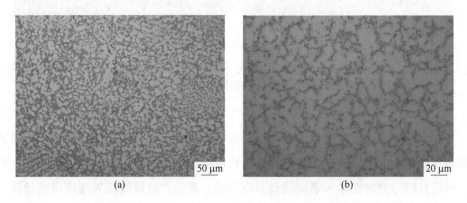

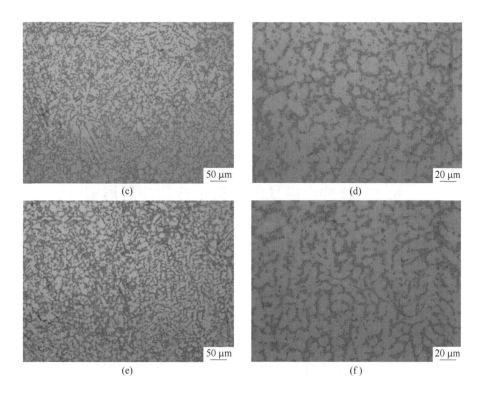

图 6-28 不同增压压力下合金的金相组织

(a)(b) 7 MPa;(c)(d) 9 MPa;(e)(f) 14 MPa

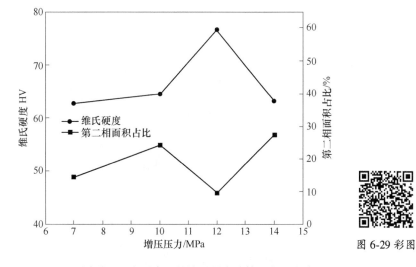

图 6-29 彩图

图 6-29 不同增压压力下合金的维氏硬度和第二相面积占比

14 MPa 过程中随着增压压力不断增加，合金的硬度在逐渐增加，依次从 62.8 HV 增加到 64.5 HV，再增加到 76.6 HV，超过 12 MPa 后第二相的面积陡增，维氏硬度下降到 63.2 HV。

通过控制浇注温度、压射速度、增压压力实质是对凝固过程的控制，在脉冲电磁制浆后结合压铸凝固控制总体上呈现了稀土相的均匀、细化调控，有望实现高强韧超薄、超厚镁合金压铸件的工业化生产。

6.3 脉冲电磁场的铸造工业化应用展望

前期研究表明，脉冲电磁场以磁势能的形式传递到物质的原子尺度，干预原子的排列、匹配及迁移等行为，从而能够在固-液相变初期就对形核、生长、晶界运动、析出相形貌等产生影响，而这在很大程度上影响到材料的晶粒尺寸、微观结构等最终组织状态。内蒙古科技大学基于脉冲电磁场的特点开发了适用于铝合金半连续铸造的"熔体表面脉冲磁场处理装置"原型机，该装置无需对原铝合金半连续铸造平台大规模改造，在铸锭浇铸口正上方增加脉冲发生装置即可，在各规格 7×××、6××× 生产实践中取得优良的组织改善效果。

此后采用脉冲电磁场表面处理技术对多牌号、不同规格铝合金铸锭进行生产实践，如图 6-30 所示。对活塞铝、6082（ϕ380 mm）、Al-Si（ϕ120 mm）等铸锭进行脉冲电磁场凝固组织细化应用试验，细化率分别可达 18.5%、23%、6%（初晶 Si 细化 14.2%），活塞铝的硬度提高了 34.3%~41.3%。脉冲电磁场表面处理技术配套工艺不断在完善，设备智能化、集成化程度更高，推动大规格铝合金铸造过程的高质量生产。

图 6-30 熔体表面脉冲磁场下的铝合金半连续铸造生产实践

在稀土镁合金压铸方面，基于德国 DAAD 国际合作项目：Melt Flow Control and Crystal Morphology Modification of a Directionally Solidifying（57596471）；内蒙古自治区关键技术开发项目：稀土镁合金复合电磁制浆及压铸关键技术开发（2021GG0095）；自治区重点研发和成果转化计划项目：大规格、高强韧航空铝合金电磁均质化铸造技术开发及应用（2021GG0095）在基础理论及产业化方面的项目支持，该技术已经逐渐应用至稀土镁/铝合金压铸生产的工业实践中，改善了铸件的质量水平，为企业降本增效。图 6-31 为电磁压铸工业生产的集成示意图。

图 6-31　电磁压铸系统集成

该技术集成压铸系统、电磁系统、熔炼系统等多模块，开发了一款智能化、数字化集成电磁压铸装备，极大提升该技术的工业化水平，推进高新技术转化及绿色深加工产业化进程。

7 电磁场下固相析出（形核）行为的初探

在凝固相变与固态相变中都具有体系克服能垒、形核等过程。通过上述研究，表明脉冲磁场对凝固过程及相迁移产生影响，本章探讨了脉冲磁场下顺磁性材料7A04铝合金时效析出及玻璃陶瓷的微波形核等固相析出中，探索电磁场下形核机理对固态相变的通用性，也从另一个角度验证脉冲电磁能在相变中的作用。本章内容尚处于初步探索阶段，也是对凝固相变的延伸研究，为进一步深入电磁能固相析出研究提供指导。

7.1 脉冲电磁场下铝合金的时效析出行为

在前期的工作基础上需要阐明一个问题：可控电磁能究竟如何控制析出扩散过程？即解释脉冲磁势能与磁动能分别在材料处理中的作用。运用脉冲电磁场特殊的电磁特性对 Al-Zn-Mg-Cu 系铝合金进行时效处理，根据试验现象探讨脉冲电磁场下的组织强化及固相扩散机制。

7.1.1 析出物形态及其对力学性能的影响

铝合金在使用前需经过铸造→均匀化热处理→锻造→固溶→时效处理，将固溶后的铝合金加工为 ϕ 效处理，将固溶后的铝的预制试样以待电磁时效处理。在脉冲电磁场条件下进行热处理要求试验装置具有极佳的稳定性及部件耦合性，如图7-1所示，脉冲电磁场热处理炉由脉冲电磁场发生系统及加热控温系统组成，试样置于石英管中，磁场方向与石英管轴向平行。脉冲电磁场参数为：脉冲峰值电流 100 A、频率 20 Hz 及占空比 20%，峰值磁感应强度为 71.68 mT。试验时，待炉内温度达到预定值后，迅速将待处理试样置于石英管中，同时开启电磁脉冲电源对试样进行脉冲磁场热处理，通入氩气保护。时效温度及时间对析出相的形貌及组织性能至关重要，温度过低时原子扩散缓慢，析出效果不显著；而热处理温度过高会减弱电磁能对析出相的作用。实验分别进行 110~140 ℃、10~60 min

脉冲电磁场时效处理，并与传统长时时效的组织及性能对比分析，探讨短时电磁能时效机理。对处理后的试样进行 SEM、EDS 分析，并测试其显微硬度、抗拉性能。

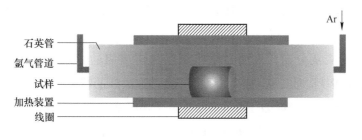

石英管
氩气管道
试样
加热装置
线圈

Ar

图 7-1　铝合金热处理工艺流程图　　　　图 7-1 彩图

(引自于文霞，电磁能时效热处理对 TA04 铝合金组织及性能的影响，内蒙古科技大学，2019)

图 7-2 为不同时效条件下 Al-Zn-Mg-Cu 铝合金的析出相形貌。传统时效热处

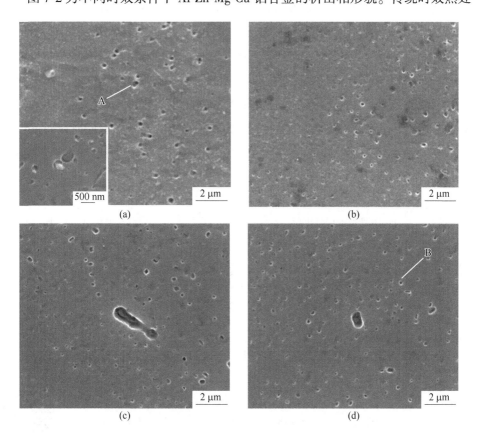

图 7-2　Al-Zn-Mg-Cu 铝合金时效处理后的析出相

(a) 130 ℃时效处理的析出相，细小未磁场处理；(b) 110 ℃时效处理的析出相，细小磁场处理；

(c) 120 ℃时效处理的析出相，细小磁场处理；(d) 130 ℃时效处理的析出相，细小磁场处理理 12 h 后，析出相明显粗化并且数量较少，有些析出相腐蚀后趋于脱落；当施加脉冲电磁场进行时效 1 h 后，析出相颗粒尺寸相对细小且数量激增。从图 7-2 (b) 可以看出，基体组织中多数为细小质点且大小不一，多数析出相处于亚稳态。随着时效温度的升高，析出相尺寸及数量也增加。从图 7-2 (d) 中可清晰看到析出相形貌及分布，表明显微组织已从析出相的"过渡期"步入"成熟期"，相比于传统时效处理具有"细小"且"弥散"的特点。

图 7-3 统计了传统时效 130 ℃/12 h 及磁场时效 130 ℃/1 h 后的析出相分布特点，可以看出，析出相尺寸分布直方图基本满足高斯正态分布规律。传统长时时效 12 h 的析出相分布密度为 0.385 μm^{-2}，析出相尺寸的高斯函数峰值趋于 0.3 μm；脉冲磁场短时时效后析出相分布密度达到 1.124 μm^{-2}，是前者的 2 倍之多，但多数析出相尺寸降低为 0.2 μm 左右。与传统时效处理相比，脉冲磁场时效后的析出相具有"细小"且"弥散"的特点。在固相析出过程中，析出相的"弥散""细小"分别与"形核""长大"过程密切相关。在基体中析出相的数量与分布由形核原子团簇决定，而析出相的尺寸与扩散过程有关。连续析出形核过程属于均匀形核范畴，体系需要较大的势能来克服能垒[131]。在传统时效 130 ℃/12 h 下，连续析出满足形核的原子浓度及能量要求，但同时长时间时效也导致析出相的尺寸长大。在磁场时效 130 ℃/1 h 下，磁场对析出形核过程有明显的促进作用，形成析出相位点激增。

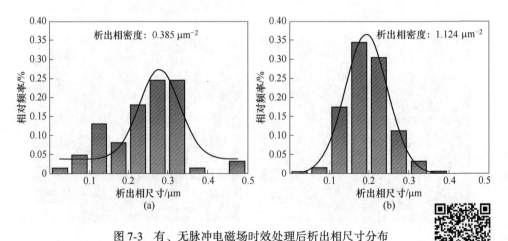

图 7-3 有、无脉冲电磁场时效处理后析出相尺寸分布

(a) 130 ℃时效处理后析出相未磁场处理；(b) 130 ℃时效处理后析出相磁场处理

图 7-3 彩图

图 7-4 为不同时效工艺下试样的力学性能。时效温度为 110~130 ℃时，随时效温度的升高，试样的硬度先降低后增加。经 110 ℃和 120 ℃时效 1 h 后，析出相颗粒尺寸及分布相对不均匀，造成试样性能波动。当析出温度升高至 130 ℃时，原子热运动加剧，原子团簇聚集、形核到扩散的能力增强，逐步形成均匀且细小的析出组织，有利于提高试样的显微硬度。当在 140 ℃时效后，合金逐渐软化，显现出"过时效"特征。值得注意的是，130 ℃脉冲电磁时效 1 h 的硬度已接近同温度下传统时效 12 h 的硬度水平，因此适当的脉冲电磁时效温度可以有效促进时效进程，缩短时效时间。另外，不得不指出仅在凝固过程施加脉冲电磁场并经传统时效后的组织的硬度也显著提升，这是铸锭的晶粒尺寸较小所致。随着脉冲电磁时效时间的延长，试样的抗拉强度也随之增加。在 140 ℃时效时，试样的时间-抗拉强度拟合曲线斜率明显降低，此时，随着时效时间的延长，强化速率较 130 ℃时效时明显降低。在未施加磁场下 130 ℃时效 12 h 后试样的抗拉强度可达到 541 MPa，但通过拟合曲线推测脉冲磁场条件下达到该目标强度只需要大约 100 min，理论时效时间缩短。

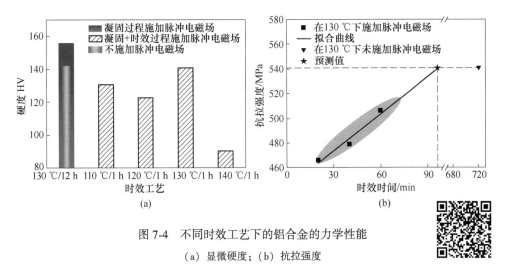

图 7-4　不同时效工艺下的铝合金的力学性能

（a）显微硬度；（b）抗拉强度

图 7-4 彩图

7.1.2　铝合金析出颗粒的强化机制

析出相的尺寸与数量是材料强化的重要指标，两者匹配达到最优值时对材料性能的提升会起到事半功倍的效果。根据表 7-1 总结的组织特征和性能数据综合分析脉冲磁场在时效析出中的作用。从析出相分布密度及分布尺寸情况可以看出时效时间长有利于析出相长大，而施加脉冲磁场则有利于增加析出相数量。两个试样的显微硬度值相近，判断基体中 Cu、Mg 和 Zn 等主要合金元素固溶量近似持平。在等硬度条件下，脉冲磁场时效后试样的抗拉强度虽然不及传统时效的542 MPa，但是从断面收缩率看出其韧性有了长足发展，析出相数量有效控制了裂纹扩展，弥补韧性不足。

表 7-1　7A04 铝合金时效热处理后的组织性能与析出相分布

项　目	脉冲电磁场下在 130 ℃/1 h 时效	无脉冲电磁场下在 130 ℃/12 h 时效
析出相密度/μm^{-2}	1.124	0.385
析出相尺寸的高斯分布峰值 /μm	0.193	0.273
硬度 HV	142	141
抗拉强度/MPa	506	542
断面收缩率/%	23.35	17.15

　　析出强化后材料的性能是由位错与析出相颗粒的共同作用所决定的，根据两者相互作用的方式，析出相的颗粒较小时合金的强化机制符合共格应变场强化机制（OS），而当析出颗粒尺寸过大后符合 Orowan 绕过强化模型（CS），即：运动的位错线在颗粒前受阻并绕过颗粒达到强化的目的[132]。尺寸较小的析出相处于共格，共格强化的宏观临界剪切应力可表示为[133]：

$$\tau_{CS} = \chi (\varepsilon G)^{3/2} \left(\frac{rfb}{\Gamma} \right)^{1/2} \tag{7-1}$$

式中，χ 为修正系数；G 为剪切模量；f 为析出相体积分数；Γ 为位错线张量，b 为 Burgers 矢量；ε 为错配应变常数（与晶格错配度成正比）；r 为析出相半径。可以看出析出开始，强化效果与半径成正比。对于单个颗粒，导致位错切入析出颗粒的剪切力可表示为：

$$\tau_{DS} = \frac{\gamma_0}{b} - \frac{\sqrt{6}\,\Gamma}{2br} \tag{7-2}$$

位错线张量可以近似表示为：

$$\Gamma = \frac{Gb^2}{2} \tag{7-3}$$

反相畴界能 γ_0 可表示为[134]：

$$\gamma_0 = 1.41 \frac{kT_c}{a^2} \tag{7-4}$$

式中，k 为 Boltzmann 常数；T_c 为原子有序-无序排列转变温度；a 为晶格常数。选取 $G = 26.2$ GPa，$b = 0.29$ nm[135]，$\gamma_0 = 0.36$ J/m²[136]。

当对试样进行传统时效 12 h 后析出相粗化且颗粒尺寸均匀性差，材料发生塑性变形时可能会与基体间的应变不协调，会导致析出相脱离基体（见图 7-2(a)），并在界面处萌生空洞，导致材料的塑性降低[137]。他们认为此时析出强化与颗粒共格性无关，主要与颗粒尺寸有关，符合 Orowan 位错模型导致的屈服强度增量[132]为：

$$\Delta\sigma_{\text{Orowan}} = \frac{0.81MGb}{2\pi(1-\nu)^{1/2}} \frac{\ln(2r_s/r_0)}{\lambda_s - 2r_s} \tag{7-5}$$

一般地，强度增量为：

$$\Delta\sigma_{\text{Orowan}} = M\tau_{\text{OS}} \tag{7-6}$$

$$r_s = \pi r/4 \tag{7-7}$$

$$\lambda_s = r\left(\frac{2\pi}{3f_\nu}\right)^{1/2} \tag{7-8}$$

将式（7-6）~式（7-8）代入式（7-5）中，得到析出颗粒所受的临界剪切应力：

$$\tau_{\text{OS}} = \frac{0.81Gb\ln(\pi r/2r_0)}{\pi^2 r\sqrt{1-\nu}\sqrt{\dfrac{8}{3\pi f_\nu} - 1}} \tag{7-9}$$

式中，M 为 Taylor 因子；r_0 为位错截取半径，$r_0 = 4b$[138]；ν 为 Poisson 比，$\nu = 0.3$[139]；λ_s 为平均颗粒间距；r_s 为颗粒与滑移面相交的半径。体积分数计算公式[140]为：

$$f_\nu = \alpha\rho\frac{2.8\pi}{3}r^2 \tag{7-10}$$

式中，ρ 为单位面积颗粒的数量；α 为半径为 r 的颗粒出现的频率。结合表 7-1 数据得到析出颗粒大小与两种强化机制的关系曲线，如图 7-5 所示。对于均匀分布的析出相，当颗粒较小时适用共格强化，而 Orowan 机制适用于较大的粒子，根据现有数据计算出颗粒长大到 20 nm 左右具有更高的抗剪强度。以上结果表明，颗粒尺寸对材料的抗拉强度有显著的影响。传统时效 12 h 后析出相尺寸均匀性差，尺寸较小的颗粒增强了材料的抗拉强度。

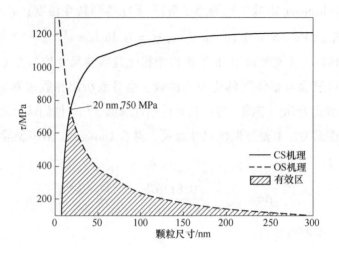

图 7-5 析出相颗粒尺寸与强化机制的关系

7.1.3 脉冲电磁场下的磁-热扩散模型

试验表明，脉冲电磁场提高了颗粒形核率且均匀性大幅改善。固态析出过程主要受扩散限制，经形核后逐步长大形成析出相颗粒，母相不断向析出相扩散提供原子，析出颗粒表面也不断接纳原子。常压下纯铝扩散系数与温度关系符合Arrhenius 关系，可以表示为[141]：

$$D = D_0 \exp\left(-\frac{\Delta G_d}{RT}\right) \tag{7-11}$$

式中，D_0 为频率因子；ΔG_d 为扩散激活能；R 为气体常数；T 为温度。在 Al-Zn-Mg-Cu 系合金中主要以空位机制进行原子迁移，原子离开其点阵位置跳入临近空位，这样往复不断形成空位的迁移运动。施加脉冲电磁场后，原子迁移理论下的扩散系数可以展开为[142]：

$$D_m = \alpha^2 P v_0 Z \exp\left(-\frac{\Delta S_V + \Delta S_M}{R}\right) \exp\left(-\frac{\Delta H_V + \Delta H_M}{RT}\right) \tag{7-12}$$

式中，ΔH_V、ΔH_M 分别为空位形成能与原子迁移时的相应焓变；ΔS_V、ΔS_M 分别为原子空位形成熵和原子迁移时的相应熵变；R 为气体常数；T 为扩散温度；P 为原子在某一方向跳跃的概率数；α 为两个晶面之间的距离，通常为晶格常数；v_0 为原子振动频率；Z 为配位数。对比式（7-11）和式（7-12）可得到如下两个等式：

$$\Delta G_d = \Delta H_V + \Delta H_M \tag{7-13}$$

$$D_0 = \alpha^2 P v_0 Z \exp\left(-\frac{\Delta S_V + \Delta S_M}{R}\right) \tag{7-14}$$

脉冲电磁场对扩散的影响可分为两部分：一部分是外加磁能对体系扩散激活能 ΔG_d 的影响，由于原子激活能取决于原子间的结合能，也就是键能，这部分直接反映焓变情况。另一部分是外加磁场对频率因子 D_0 的影响，这部分着重反映磁场下原子运动情况。在脉冲磁场等温析出过程中，假设 D_0 不变，则式 (7-12) 可改写为：

$$D_m = D_0 \exp\left(-\frac{G_{tot}}{RT}\right) \tag{7-15}$$

其中，总能量项包括以下三部分[143]：

$$G_{tot} = \Delta G_d + \Delta G_{mag}^{int} + \Delta G_{mag}^{ext} \tag{7-16}$$

磁场对扩散激活能有额外的贡献，ΔG_{mag}^{int} 为物质本身磁化能，对于顺磁性材料 ($M = \chi_M H > 0$)，不考虑材料的磁化阶段，该项可忽略，ΔG_{mag}^{ext} 为外加脉冲磁场对总能量的贡献，则采用 ISO 单位制的脉冲磁能可以表示为[144-146]：

$$\Delta G_{mag}^{ext} = -\mu_0 \int_0^H M dH = -\frac{1}{2}\mu_0 \Delta \chi_M H^2 \quad (\text{J/mol}) \tag{7-17}$$

式中，μ_0 为真空磁导率；M 为磁化强度；χ_M 为摩尔磁化率。

施加磁场后，单位摩尔的磁能小于零，说明施加磁场后扩散原子的激活能减小。其中，Cu-Al 体系中的磁化率差[147-149]为：

$$\Delta \chi_M = \chi_M^{Al} - \chi_M^{Cu} = -0.000978T + 2.838(10^{-10}\ \text{m}^3/\text{mol}) \tag{7-18}$$

利用表 7-2 中物质的物性参数计算脉冲磁场下 Cu-Al 扩散过程产生的外加磁能，如图 7-6 所示，随着温度的降低、磁场强度的增加，ΔG_{mag}^{ext} 也增加。Cu-Al 的扩散激活能为 133.9 kJ/mol，通过计算得出 ΔG_{mag}^{ext} 在研究条件下最大只有 1.13 J/mol，只占总扩散激活能的 0.84%。通过磁-热分析说明，外加磁能对扩散激活能几乎没有影响，这也表明在时效过程中，脉冲磁场主要对激活热过程的原子振动频率或激活熵产生影响，而不是焓的变化。在顺磁性物质中施加磁场，对扩散过程的影响更可能体现在扩散常数 D_0 的影响上。此外，文献 [150] 中的研究结果也叙述了磁场对顺磁性 Mg-Al 扩散耦合的作用符合本工作中的模型建立。

（注：1T [ISO] = 10^4 Oe [CGS] = 7.958×10^5 A/m[ISO]，1 emu/g[CGS] = $(4\pi)^2 \times 10^{-10}$ H m^2/kg[ISO] = $4\pi \times 10^{-3}$ m^3/kg[ISO]）

表 7-2   纯物质化学性能参数[21-25]

| 金属名称 | 密度 /kg·m⁻³ | M /kg·mol⁻¹ | χ_M /m³·mol⁻¹ | $\gamma/(2\pi)$ /MHz·T⁻¹ | 在 FCC-Al 中的参数 | |
					D_0 /m²·s⁻¹	ΔG_d /kJ·mol⁻¹
Zn	7130	0.06539	-1.43986×10^{-10}	2.669 (^{67}Zn)	1.19×10^{-5}	116.1
Cu	8920	0.063546	-6.8604×10^{-11}	11.299 (^{63}Cu)	4.44×10^{-5}	133.9
Al	2700	0.02698	2.06847×10^{-10}	11.103 (^{27}Al)	—	—
Mg	1740	0.024305	1.6343×10^{-10}	2.606 (^{25}Mg)	1.49×10^{-5}	120.5

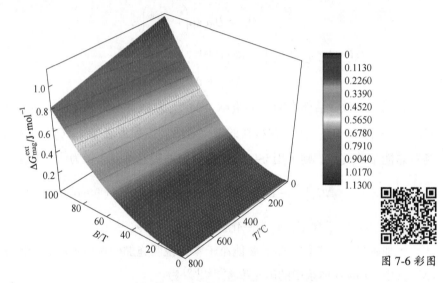

图 7-6 彩图

图 7-6   脉冲磁场在 Cu-Al 扩散过程产生的外加磁能

在 4.2.2 节内容已介绍，不同原子的旋磁比不同，因此达到的共振频率不同，Larmor 频率越大意味着角动量绕外场方向的旋转速度越快，结合表 7-3 数据得到 Al-Zn-Mg-Cu 主要元素原子磁共振的曲线，如图 7-7 所示。在施加脉冲电磁场阶段，瞬时高能磁场激发形成电场，高频率电磁波增加溶质原子迁移到原子空位位置的频率。Cu 原子的 Larmor 频率与 Al 原子相近，且大于 Zn、Mg，沿磁场方向促进 Cu/Al 的旋进运动更显著，促进扩散原子团簇浓度梯度或化学位能导致的宏观定向迁移。

表 7-3   由尾矿制备的玻璃基质的化学组成   （质量分数，%）

SiO₂	CaO	MgO	Al₂O₃	Fe₂O₃	Na₂O	REO	CaF₂	其他	总量
42.6	27.2	3.0	5.5	10.6	1.43	1.22	3.61	4.07	100

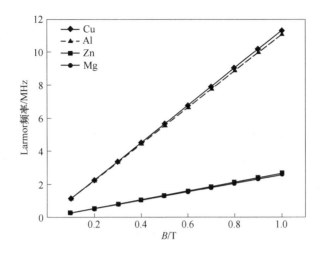

图 7-7　各原子的 Larmor 频率与磁感应强度的相关性　　图 7-7 彩图

综上所述，时效时间长利于析出相长大，而施加脉冲磁场则利于增加析出相质点数量，同时对性能也有所改善，脉冲电磁能对顺磁性材料固相析出形核率提高有显著作用。外加磁能对扩散激活能 G_{tot} 的作用较小，主要对扩散频率因子项 D_0 中原子振动频率 v_0 的影响显著。

7.2　微波电磁场下纳米晶玻璃陶瓷的结晶行为

微波电磁场热处理制备玻璃陶瓷技术由于其加热均匀、效率高、速度快、对材料性能改善等特点成为近年来国内外研究的热点，为冶金工业的绿色发展提供新的研究方向。在玻璃态向陶瓷晶体转变过程中，可以让我们更方便了解电磁场在相变中发挥的作用，有助于进一步理解形核、团簇等相关理论。

7.2.1　白云鄂博尾矿基玻璃陶瓷的非等温结晶动力学特征

为了探究基础玻璃的非等温结晶动力学及纳米晶玻璃陶瓷的结晶机理，实验用白云鄂博选铁尾矿为主要原料，添加少量的 SiO_2、CaO 等化学纯试剂并混合得到纳米晶玻璃陶瓷的基础化学成分（见表 7-3）。采用熔淬法制备出 CaO-MgO-Al_2O_3-SiO_2（CMAS）基础玻璃，将原料混匀后进行 1450 K 熔炼 3 h，浇铸至金属磨具中成型,获得基础玻璃。利用扫描量热仪(DSC, NETZSCH STA 449C-1600 K)研究基础玻璃粉体在室温至 1000 K 范围形核结晶过程。将淬火后的基础玻璃加工成 3 mm×3 mm×1 mm 预制试样，打磨抛光后用显微硬度仪压痕作为位置标记，利用高温激光共聚焦显微镜（LSM，LASERTEC VL2000DX）在线观察固相析出过程，以 200 K/min 速率升温至 600 K，保温 1 min 后以 5 K/min 速率升温至 750 K，之后在常温下对材料的自由表面进行表面形貌分析。

　　从热力学角度看，基础玻璃的原子并非处于稳定态，而是处于具有较高自由能的亚稳状态，在适当的条件下必将向能量较低的亚稳非晶态或能量更低的平衡结晶态转变。图 7-8 为连续升温 5 K/min、12 K/min、16 K/min、20 K/min 时的 DSC 曲线。依据 GB/T 22567—2008 分别在曲线上给出玻璃转化温度（T_g）、起始结晶温度（T_x）和结晶峰温度（T_p）的热参数。放热峰随热流的增加而增加，所有的特征温度都逐渐向高温移动，显现出强烈的动力学依赖性。纳米晶玻璃陶瓷有较长的过冷液相区 $\Delta T_x = (T_x - T_g)$ 且随着升温速率的增加而减小。

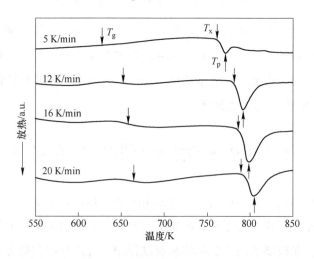

图 7-8　不同升温速率下的 DSC 曲线

　　图 7-9 给出了基础玻璃及结晶后的 XRD 图。基础玻璃相在 2θ 角为 30° 左右形成了典型的散射峰，经结晶处理后逐步发展后形成了透辉石晶体。

　　已知相变的微观结构演变，如：形核和长大过程，就可以从非等温动力学数据中提取定量信息。从 Kissinger 方法中获取的激活能和在 DSC 热涨落对应的长大平均激活能大致匹配。如果形核和长大阶段重叠，Kissinger 分析及结果经常有较大偏差；Ozawa 方法、可提供大致的相变机制信息；Starink[151-152] 对线性升温激活能的测定精度进行修正；Augis-Bennett 等人计算激活能的方法有一个额外的优势，可以给出 Arrhenius 方程的指前因子 K_0。四种计算评价方法得到的激活能

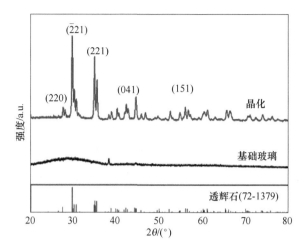

图 7-9　不同工艺结晶处理前后的 XRD 图

如图 7-10 所示。形核过程主要发生在玻璃转化温度以上的过冷液相区，用起始结晶温度下的激活能反映形核激活能 E_x，结晶峰值温度下的激活能反映结晶激活能 E_p。通过 Ozawa 方法计算的激活能分别为 $E_x = (423.30 \pm 14.36) \, \text{kJ/mol}$，$E_p = (395.27 \pm 6.06) \, \text{kJ/mol}$，在连续加热过程中，$E_x > E_p$ 表明最初形核过程难于晶体长大过程。

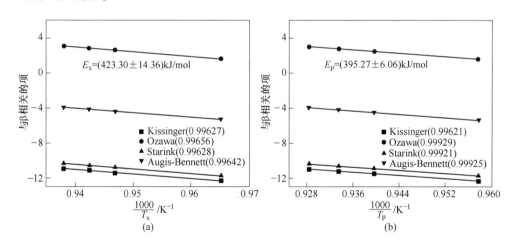

图 7-10　结晶激活能

（a）起始结晶温度；（b）结晶峰温度

JMAK 方程用于描述非等温结晶动力学行为过程中相转变分数 $\xi(T)$ 和温度 T 之间的关系：

$$\xi(T) = 1 - \exp\left\{ -\left[\frac{1}{\beta} \int_{T_0}^{T} k(T)\,\mathrm{d}T \right]^n \right\} \tag{7-19}$$

式中，T_0 为结晶开始温度；k 为频率系数；n 为 Avrami 指数，与晶体长大机理有关。

DSC 曲线上不同升温速率下放热峰下的总峰面积积分得到放热峰面积，特定温度下的累积面积由放热结晶峰下的总面积归一化，得到该温度下的结晶体积分数。将结晶体积分数 $\xi(T)$ 与不同升温速率下的温度绘制成 S 形曲线，如图 7-11 所示。在 $\xi(T) < 0.1$ 和 $\xi(T) > 0.9$ 基础玻璃的结晶速率相对缓慢，而结晶率在 0.1~0.9 时结晶速率较大，在 40% 的时间左右内完成了近 80% 的结晶，存在明显的结晶孕育期，即形核期。升温速度从 5 K/min 增加到 20 K/min 时，由于热驱动过程导致相转变曲线明显向右平移，结晶过程延长。

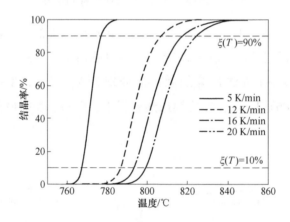

图 7-11　在不同升温速率下的结晶率与温度关系图

Matusita 根据形核及长大理论提出了一个用于描述非等温结晶的方程，该模型假设非等温结晶过程中核的数目可变，结合线性加热条件，通过推导形成晶体的半径 r 与温度的关系得到非稳态相转变速率方程：

$$\ln\{ -\ln[1 - \xi(T)] \} = -n\ln\beta - \frac{1.052mE_{\mathrm{p}}}{RT} + \mathrm{const} \tag{7-20}$$

由于 $\xi(T)$ 是温度的函数，得到不同温度下 $\ln\{ -\ln[1 - \xi(T)] \}$ 与 $\ln\beta$ 的关系，如图 7-12（a）所示。通过线性拟合得到的斜率即为玻璃陶瓷的 Avrami 指数 n。在 20 K/min 升温速率下的 n 随结晶率的变化规律如图 7-12（a）中右上角插图所示，在结晶率小于 60% 时，$n>2.5$，而当结晶率为 60%~100% 时，n 在 2 左右波动。图 7-12（b）为升温速率对 n 的影响，不同升温速率下 n 值变化规律相同，随着结晶率的增加 n 值降低，最终趋于 2。当缓慢升温时，$n=2$ 的临界位置向结晶率增加的方向偏移。Ozawa 指出 n 值与结晶行为有关，当 $n=3$ 时体积内结晶占主导地位，随着结晶率的增加 n 趋于 2，表示既有表面结晶又有体积结晶。动力学参数 n 反映了结晶过程的形核和生长方式。a 与形核速率相关，当形核率为常数时，$a=1$；当形核速率为 0 时，$a=0$；当形核速率增加时，$a>1$；当形核速率减小时，$a<1$；对应晶体生长的维度，例如：杆状结构（一维）、层状结构（二维）、岛状结构（三维）等。b 与生长机理有关，界面控制过程为 1.0，扩散控制过程为 0.5。

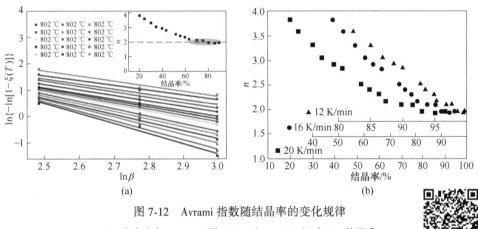

图 7-12 Avrami 指数随结晶率的变化规律

（a）在冷速为 12 K/min 下 $\ln\{-\ln[1-\xi(T)]\}$ 与 $\ln\beta$ 的关系；

（b）升温速率对 n 的影响

图 7-12 彩图

对于白云鄂博铁尾矿玻璃陶瓷材料而言，结晶初期体积内结晶占主导地位（$n=3\sim4$），长大过程是由界面控制生长，形核速率随时间增加的三维生长过程（$a>1$，$b=1$，$m=3$）；结晶中后期，逐步转变为成核率降低的三维扩散控制生长关系（$a=0.5$，$b=0.5$，$m=3$）。

利用高温激光共聚焦显微镜观察基础玻璃的软化与结晶过程，如图 7-13 所示。升温初始时刻压痕角部有裂纹，随着温度的升高基础玻璃逐渐软化，由于内应力的存在角部裂纹逐渐扩展、粗化。温度高于 T_g = 627 K 以后压痕形貌遭到破坏，基础玻璃已从玻璃态转变为高弹态。在 682.2 K 之后，压痕周围的基体形貌发生变化，形成表面散射图像，表面粗糙度增加，此时逐步出现形核、长大现象，说明在 T_g+55 K 开始出现可见的结晶。随着温度的升高，升温从 682.2 K 到

750.7 K 压痕形貌几乎无变化，所产生的应力完全释放，而样品表面粗糙度继续明显增加，初生晶体开始出现快速长大。

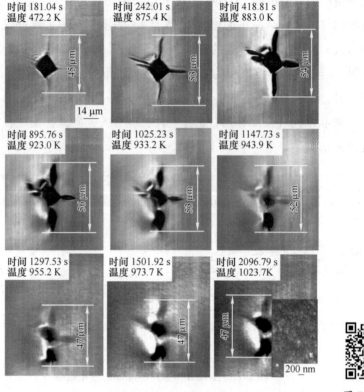

图 7-13　高温激光共聚焦显微镜观察的基础玻璃软化与结晶过程　　图 7-13 彩图

在常温下利用激光共聚焦显微镜观察材料的表面粗糙度，可清晰反映结晶前后表面特征的变化情况。图 7-14 给出了升温速率（升温至 T_p 急冷）与表面粗糙度（Ra）的关系曲线，随着升温速率的增加表面粗糙度降低，符合拟合公式：

$$Ra = \frac{1}{-9.289 + 3.28\beta - 0.038\beta^2} \tag{7-21}$$

粗糙度值的变化与形核数量和长大速度有关。在升温速率为 20 K/min 和 50 K/min 时，由于形核数量少或初生相尺寸小于仪器分辨率，此时测定结果接近基础玻璃的表面粗糙度。利用表面粗糙度方法可以对结晶过程进行明显表征，有必要进一步研究粗糙度与晶体生长直接的关系。一个有趣的现象是，随着粗糙度的增加，晶粒的数量密度增加，晶粒大小减小。在较低的加热速率下，成核过程的保持时间更长，形成更多的晶核。考虑到晶体生长初始阶段的界面控制方式，晶体生长受到限制，可以得到细小的晶粒。加热速率越慢，表面结晶越明显，这与动力学分析的结果一致。基本玻璃在高温区的保温时间应尽量控制，以获得小的晶体尺寸。

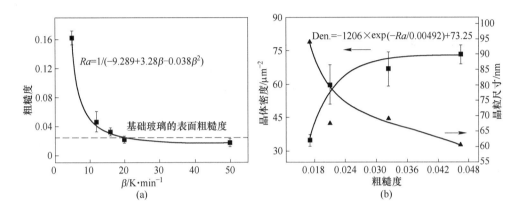

图 7-14　升温速率与表面粗糙度的关系曲线

（a）升温速率对表面粗糙度的影响；（b）粗糙度与晶粒尺寸和晶体密度的关系

图 7-15 为非等温加热升温速率分别为 16 K/min、50 K/min 加热至 T_p 急速冷却后经 HF 腐蚀获得晶体形貌。图 7-15（a）中观察发现升温速率为 16 K/min 获得的晶体细小且晶体数量明显较多，说明在低升温速率下形核率较高，长大初期由界面控制长大，限制了晶体长大过程。图 7-15（b）中数量较小，晶体的长大过程显著发展。

图 7-15　不同升温速率下的晶体形貌

（a）16 K/min；（b）50 K/min

从 T_g 升温至 T_x 已经开始出现表面结晶过程，而在 T_p 出现结晶峰值。在单位时间、单位体积内形核率表示为：

$$\ln(I^{st}\theta) = \ln\left(\frac{16}{3\bar{v}^2}\right) + \frac{1}{2}\ln\left(\frac{\sigma^3 k_B T}{|\Delta g_V|^4}\right) - \left(\frac{16\pi}{3k_B}\frac{1}{T|\Delta g_V|^2}\right)\sigma^3 \quad (7\text{-}22)$$

式中，θ 为形核温度；$\bar{v}$ 为摩尔体积；k_B 为 Boltzmann 常数；T 为绝对温度；Δg_V 为单位体积内原相与析出相之间的 Gibbs 自由能差；σ 为界面能。

提高形核率的有效方法是增加吉布斯自由能差或降低界面自由能。基础玻璃的形核率在低温下缓慢增加而不是随着温度升高而增加。软化直接影响着体系界面自由能，随着基体逐渐软化，母相与新相之间存在扩散界面导致界面自由能随温度的增加而线性增加。在 T_g 与 T_x 之间存在形核率函数关系的最大值，例如这里提到的 T_g+55 K，当温度高于这一临界值后达到体系热力学条件，开始形核并结晶。一味地增加温度、缩短加热时间并不能促进形核过程，反而在较低温度长时间下可获得更高的形核率。

7.2.2　微波热过程的数值模拟

微波炉加热装置由磁控管微波源、炉腔和电源电路以及微波炉控制面板电路组成，如图 7-16 所示。其中磁控管是整个微波炉的心脏，为整个微波炉提供微波源；炉腔是一个密闭腔体，其中包括腔体本身、加热腔等，其整体组成一个微波谐振腔。磁控管作为微波炉中的核心器件，它将电能转化为微波能，为微波炉提供工作所需要微波能源，微波炉的磁控管工作频率通常为 2.45 GHz，本装置有 1~4 个磁控管发射微波，在计算微波场时采用 1 W 激励源进行归一化分析。电磁波通过波导管传入谐振腔中与加热腔中的吸波材料进行耦合加热作用，加热腔由保温腔、SiC 涂层、Al_2O_3 坩埚及试样组成，其中 SiC 具有优良的吸波特性是主要的发热介质。白云鄂博尾矿基玻璃陶瓷的相对介电常数和介电损耗角正切如图 7-17 所示。

采用高频仿真模型来确定微波谐振器腔体中的电磁场分布。图 7-18 显示了图 7-16 中微波加热系统的 XOY 截面的场分布。每个驻波模式在微波腔的各个方向上都是正弦波的变化。如图 7-18（a）显示，当微波加热系统中没有吸收性材料时（无负载），电场最大值在 4 个馈电口和微波腔壁周围，具有高度的对称性。当加热腔和样品在微波腔中被加载时，腔中心的电场强度从 200 V/m 下降到约

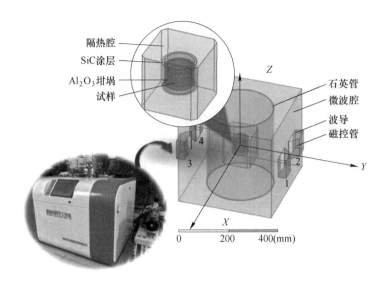

图 7-16 微波装置示意图

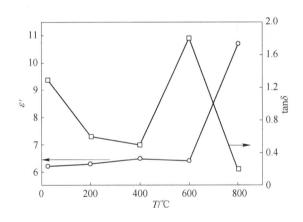

图 7-17 白云鄂博尾矿基玻璃陶瓷的相对介电常数和介电损耗角正切

70 V/m,由于吸收材料的存在,电磁场分布被扭曲,如图 7-18(b)所示。加热腔内的主要吸收材料,包括 SiC 涂层和样品,其介电常数和介电损耗角都远远大于微波炉内的其余部件,尤其是 SiC,微波能量被转化为热能。密度分布中最大的体积损失来自 SiC 涂层,如图 7-18(c)所示。图 7-18(d)显示了微波加热炉的磁场。由于磁损耗较小,样品对微波炉腔内的磁场影响不大,XOY 平面内的磁场仍然保持良好的几何对称性,故微波场的分布主要是由于电场。微波能量不能完全转化为热能,由于在微波腔中的反射,它以驻波的形式消散了。

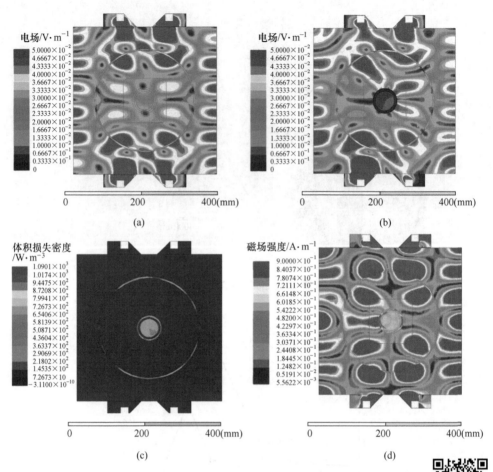

图 7-18　在图 7-16 中微波加热系统的 *XOY* 截面的场分布

（a）无材料负载的电场分布；（b）有材料负载的电场分布；

（c）体积损失密度分布；（d）有材料负载的磁场分布

图 7-18 彩图

　　将微波场与试样的热过程进行耦合。图 7-19 显示了在常规加热和 4 kW 微波加热 30 s 后的样品的温度分布。微波处理后，样品的中心被加热到大约 400 ℃，边缘和中心的温度差为 514 ℃。传统加热后，热传导几乎不影响样品的中心，边缘和中心的温差为 804 ℃。当关闭热源并自然冷却 500 s 后，样品边缘和中心的温度趋于一致，但常规加热样品的温差仍为 20 ℃，而微波加热只有 12 ℃。热流的方向仍然是从样品的边缘到中心。1000 s 后两个样品热流的方向发生逆转，样品的边缘和中心的温差几乎是恒定的。

　　传统和微波加热下的温度曲线如图 7-20 所示。在相同的加热速率下，部分

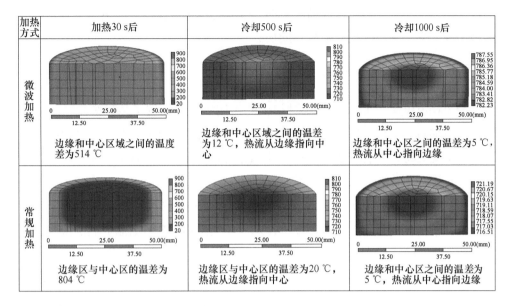

加热方式	加热30 s后	冷却500 s后	冷却1000 s后
微波加热	边缘和中心区域之间的温度差为514 ℃	边缘和中心区域之间的温差为12 ℃，热流从边缘指向中心	边缘和中心区之间的温差为5 ℃，热流从中心指向边缘
常规加热	边缘区与中心区的温差为804 ℃	边缘区与中心区的温差为20 ℃，热流从边缘指向中心	边缘和中心区之间的温差为5 ℃，热流从中心指向边缘

图 7-19 传统和微波加热 30 s 后样品的温度场分布

图 7-19 彩图

微波功率直接沉积在接受加热的材料内；因此，样品同时被微波辐射和 SiC 的热传导加热。可以看出，微波加热能够实现比传统方法更高的加热速率。微波体积加热的结果是减少了对通过样品内的热传导进行热传递的要求，这使得相对较大的白云鄂博尾矿基玻璃陶瓷产品能够被

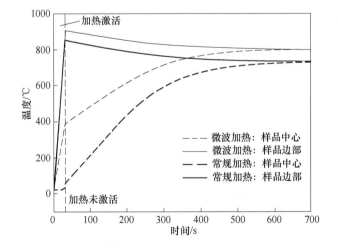

图 7-20 彩图

图 7-20 常规加热和微波加热下的温度曲线

高效、均匀地加热。然而，玻璃陶瓷的弱吸收特性使得仅用微波照射很难达到其结晶温度，必须使用碳化硅进行辅助加热。

7.2.3　微波加热对玻璃陶瓷成核的影响

为了探究电磁"非热效应"对相变的作用机理，比较了传导加热、红外加热、微波加热和等离子加热对微晶玻璃成核的影响。进行了以下三组实验：

（1）基础玻璃在晶化温度 690 ℃下微波加热 5 min、10 min 和 30 min，并在 690 ℃下等离子加热 10 min 以评估成核。

（2）将玻璃样品分别放入铂金导热坩埚、红外加热炉和微波加热炉中，以 5 ℃/min 的速度升温至 800 ℃后立即冷却，连续加热后分析微晶玻璃的微观结构及成核-结晶过程。

（3）玻璃样品在微波炉中在 690 ℃的成核温度下加热 20 min 并在 750 ℃ 的结晶温度下加热 20 min。对比实验，玻璃样品在电阻炉中在 690 ℃ 的成核温度下加热 2 h 并在 800 ℃ 的结晶温度下加热 2 h。

图 7-21 为在晶化温度 690 ℃微波加热 5 min、10 min 和 30 min 以及等离子体加热 10 min 后样品的 XRD 图和表面微观结构。微波加热后在 29.40°的衍射峰强度随着成核时间的增加而增加。微波辐射在负压下使气体电离形成等离子体作为热源，而等离子体加热后出现更多的结晶峰，结晶的趋势更加明显。在低温等离子体中，电子和气体之间不存在热平衡，电子有足够的能量来打破分子键和玻璃网络结构，从而促进表面成核，分布不均匀。提高成核率的一个有效方法是增加吉布斯自由能差或减少界面自由能，体系的界面自由能直接受到基础玻璃软化的影响。根据热历程分析，随着微波加热时间的增加，基本玻璃逐渐软化，导致界面自由能随着温度的增加而线性下降。在基体中获得大量均匀分散的晶体，这似乎有利于获得一致的力学性能。

红外线和微波加热的本质是利用电磁能进行加热，红外加热的有效频率约为 0.3~395 THz，而微波加热的有效频率仅为 2.45 GHz。图 7-22 显示了连续传导、红外和微波加热到 800 ℃后的样品的 XRD 和晶粒大小。加热方法对晶体的形状和尺寸有很大影响，微波成核-结晶处理后（第二组实验），样品的结晶峰明显高于其他样品。最初的生长是由相界面控制的，这限制了晶体的生长。微波处理后形成高密度的小球状晶体。晶体的数量明显高于传导和红外加热后处理的试样，表明 2.45 GHz 的微波处理后成核率较高。

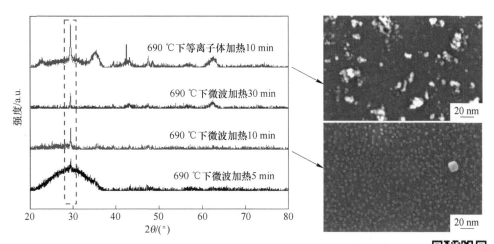

图 7-21 微波和等离子体成核后的 XRD 图和表面微观结构

图 7-21 彩图

通过使用一维质量和弹簧模型，特征离子键在一维晶格中红外光子范围（$10^{12} \sim 10^{14}$ s^{-1}）中的共振频率，而电子-离子键的共振频率接近光学状态，这对于微波（$10^{9} \sim 10^{11}$ s^{-1}）的直接耦合来说太大了。对于基础玻璃材料，微观表面和形核元素富集区可能存在较弱的表面键合模式，小尺度或局域微波声子激发耦合形成表面键合谐振，从这个角度来看，微波的作用可能不会降低活化能。

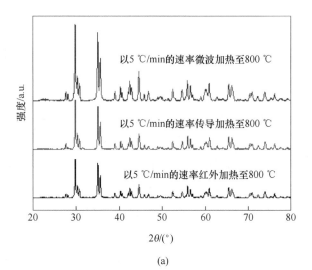

(a)

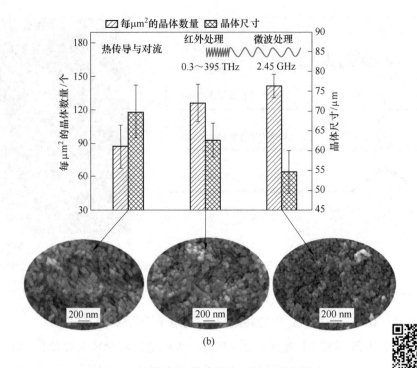

(b)

图 7-22 连续成核-结晶后的 XRD 和晶粒尺寸

（a）样品的 XRD 图；（b）加热方法对平均晶粒尺寸的影响

经过微波和常规核化-晶化处理（第三组实验）后组织形貌如图 7-23 所示。常规加热样品的局部晶体异常生长，形成直径为 200~300 nm 的云状晶体。根据图中标记位置的能谱分析（如图 7-23 左下角所示），各组分的质量百分比非常相

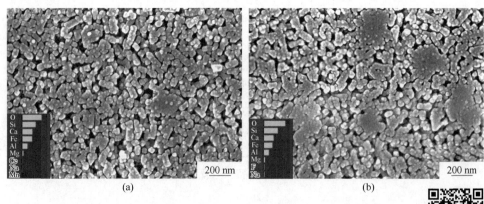

图 7-23 微波（a）和常规热（b）处理后纳米晶玻璃陶瓷的微观结构

似，但微波处理后的晶相中检测到少量 Ce。单从高效生产的角度来看，微波电磁场下成核-结晶总共处理 40 min 即可形成类似传统工艺 4 h 的晶体尺寸与形态，是低碳节能的相变控制手段。

通过分析相对投影面积（A/A_0）和接触角随温度的变化，研究微晶玻璃在高温下的软化特性，如图 7-24 所示。投影面几何特征变化如下：局部熔化→球形（图中标出）→半球→流动。微波加热样品的每个状态都向高温区域移动。图 7-24（b）为接触角随温度变化的曲线。两个样品的接触角随温度以相似的斜率变化，最大值均大于 100°，润湿性似乎没有变化。微波和常规处理样品的半球温度分别为 1227 ℃ 和 1146 ℃。这一结果表明微波制备的样品在高温下具有更强的热稳定性。

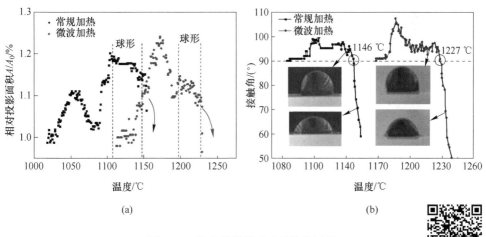

图 7-24　纳米晶微晶玻璃的熔化过程

（a）相对面积（A/A_0）的演变；（b）接触角的演变

图 7-24 彩图

微波电磁场是矢量场，玻璃陶瓷材料在微波辐射下的结晶取向发生变化。仿真结果中提取 XOY 截面的电场和磁场矢量图，如图 7-25（a）和图 7-25（b）所示。结合 EBSD 可以分析电磁场的方向特性对晶体取向的影响。图 7-25（c）为样品相对于 EBSD 测试空间坐标的位置，垂直于 Z 方向的截面为被测截面。微波和常规热处理的极图如图 7-25（d）和图 7-25（e）所示。{111} 方向的最大极密度从 4.01（常规处理）增加到 4.51（微波处理），X_0 和 Y_0 方向的取向行为逐渐出现在同一观察区域。

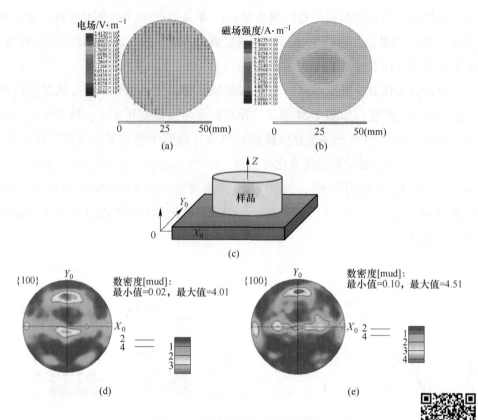

图 7-25　尾矿基微晶玻璃的极图

（a）微波电场矢量；（b）微波磁场矢量；（c）样品相对于 EBSD 结果空间

坐标的位置；（d）常规热处理；（e）微波热处理

图 7-25 彩图

参 考 文 献

［1］ WANG Jianzhong, QI Jingang, DU Huiling, et al. Heredity of aluminum melt caused by electric pulse modification（Ⅰ）［J］. Journal of Iron and Steel Research, International, 2007, 14（4）: 75-78.

［2］ YEH Jienwei, JONG Shanghaw, LIU Wenpin. The improved microstructures and properties of 7075 alloys produced by a water-cooling centrifugal casting method［J］. Metallurgical & Materials Transactions A, 1996, 27（7）: 1933-1944.

［3］ LI Mingjun, TAMURA Takuya, OMURA Naoki, et al. Grain refinement of AZCa912 alloys solidified by an optimized electromagnetic stirring technique［J］. Journal of Materials Processing Technology, Elsevier B. V. , 2016, 235: 114-120.

［4］ QUESTED T E, GREER A L. The effect of the size distribution of inoculant particles on as-cast grain size in aluminium alloys［J］. Acta Materialia, 2004, 52（13）: 3859-3868.

［5］ ROEHLING John D, COUGHLIN Daniel R, GIBBS John W, et al. Rapid solidification growth mode transitions in Al-Si alloys by dynamic transmission electron microscopy［J］. Acta Materialia, 2017, 131: 22-30.

［6］ BROWN Nicholas T, MARTINEZ Enrique, QU Jianmin. Interfacial free energy and stiffness of aluminum during rapid solidification［J］. Acta Materialia, 2017, 129: 83-90.

［7］ JIANG Y Q, WEN D D, PENG P. A DFT study on the competition and evolution characteristics between icosahedra and FCC clusters in rapid solidification of liquid Ag［J］. Journal of Molecular Liquids, 2017, 230: 271-279.

［8］ OLOYEDE Olamilekan, COCHRANE Robert F, MULLIS Andrew M. Effect of rapid solidification on the microstructure and microhardness of BS1452 grade 250 hypoeutectic grey cast iron［J］. Journal of Alloys and Compounds, 2017, 707: 347-350.

［9］ 翟启杰, 邢长虎, 赵沛, 等. 微区成分扰动生核处理基础研究［J］. 钢铁, 2002, 37（6）: 39-41.

［10］ 翁宇庆. 超细晶钢: 钢的组织细化理论与控制技术［M］. 北京: 冶金工业出版社, 2003.

［11］ 周尧和, 介万奇, 胡壮麒. 凝固技术［M］. 北京: 机械工业出版社, 1998.

［12］ QIAN Ma, RAMIREZ A, DAS A. Ultrasonic refinement of magnesium by cavitation: Clarifying the role of wall crystals［J］. Journal of Crystal Growth, 2009, 311（14）: 3708-3715.

［13］ NAKADA Masayuki, SHIOHARA Yuh, FLEMINGS Merton C. Modification of solidification structures by pulse electric discharging［J］. ISIJ International, 1990, 30（1）: 27-33.

［14］ SPENCER D B, MEHRABIAN R, FLEMINGS M C. Rheological behavior of Sn-15 pct Pb in the crystallization range ［J］. Metallurgical and Materials Transactions B, 1972, 3（7）: 1925-1932.

［15］ YIN Zhenxing, GONG Yongyong, LI Bo, et al. Refining of pure aluminum cast structure by surface pulsed magneto-oscillation ［J］. Journal of Materials Processing Technology, 2012, 212（12）: 2629-2634.

［16］ TANG Guoyi, XU Zhuohui, TANG Miao, et al. Effect of a pulsed magnetic treatment on the dislocation substructure of a commercial high strength steel ［J］. Materials Science & Engineering A, 2005, 398（1/2）: 108-112.

［17］ SONG Changjiang, LI Qiushu, LI Haibin, et al. Effect of pulse magnetic field on microstructure of austenitic stainless steel during directional solidification ［J］. Materials Science & Engineering A, 2008, 485（1）: 403-408.

［18］ HUANG Junjun, LI Lijuan, LIU Lihua, et al. Effects of pulsed magnetic annealing on Goss texture development in the primary recrystallization of grain-oriented electrical steel ［J］. Journal of Materials Science, 2012, 47（9）: 4110-4117.

［19］ LIU Lihua, LI Lijuan, HUANG Junjun, et al. Effect of pulsed magnetic field annealing on the microstructure and texture of grain-oriented silicon steel ［J］. Journal of Magnetism & Magnetic Materials, 2012, 324（324）: 2301-2305.

［20］ TROCIEWITZ Ulf P, DALBAN-Canassy Matthieu, HANNION Muriel, et al. 35.4 T field generated using a layer-wound superconducting coil made of（RE）Ba$_2$Cu$_3$O$_{7-x}$（RE = rare earth）coated conductor ［J］. Applied Physics Letters, 2011, 99（20）: 202506.

［21］ CAMPBELL L J, BOENIG H J, RICKEL D G, et al. The NHMFL long-pulse magnet system-60-100 T ［J］. Physica B: Condensed Matter, 1996, 216（3/4）: 218-220.

［22］ WOSNITZA J, BIANCHI A D, FREUDENBERGER J, et al. Dresden pulsed magnetic field facility ［J］. Journal of Magnetism and Magnetic Materials, 2007, 310（2, Part 3）: 2728-2730.

［23］ BEAUGNON E, TOURNIER R. Levitation of organic materials ［J］. Nature, 1991, 349（6309）: 470.

［24］ GAUCHERAND F, BEAUGNON E. Magnetic susceptibility of high-Curie-temperature alloys near their melting point ［J］. Physica B: Condensed Matter, 2001, 294-295: 96-101.

［25］ MOUTALIBI N, M' CHIRGUI A, NOUDEM J. Alumina nano-inclusions as effective flux pinning centers in Y-Ba-Cu-O superconductor fabricated by seeded infiltration and growth ［J］. Physica C: Superconductivity, 2010, 470（13/14）: 568-574.

[26] LEGRAND B A, CHATEIGNER D, PERRIER de la Bathie R, et al. Orientation by solidification in a magnetic field: A new process to texture SmCo compounds used as permanent magnets [J]. Journal of Magnetism and Magnetic Materials, 1997, 173 (1): 20-28.

[27] YASUDA Hideyuki, TOKIEDA Kentaro, OHNAKA Itsuo. Effect of magnetic field on periodic structure formation in Pb-Bi and Sn-Cd peritectic Alloys [J]. Materials Transactions JIM, 2000, 41 (8): 1005-1012.

[28] TANIGUCHI Takahisa, SASSA Kensuke, YAMADA Takashi, et al. Control of crystal orientation in zinc electrodeposits by imposition of a high magnetic field [J]. Materials Transactions JIM, 2000, 41 (8): 981-984.

[29] TAHASHI Masahiro, SASSA Kensuke, HIRABAYASHI Izumi, et al. Control of crystal orientation by imposition of a high magnetic field in a vapor-deposition process [J]. Materials Transactions JIM, 2000, 41 (8): 985-990.

[30] MORIKAWA Hiroshi, SASSA Kensuke, ASAI Shigeo. Control of precipitating phase alignment and crystal orientation by imposition of a high magnetic field [J]. Materials Transactions JIM, 1998, 39 (8): 814-818.

[31] ASAI Shigeo, SASSA Kensuke, TAHASHI Masahiro. Crystal orientation of non-magnetic materials by imposition of a high magnetic field [J]. Science and Technology of Advanced Materials, 2003, 4 (5): 455-460.

[32] CHOI J K, OHTSUKA H, XU Y, et al. Effects of a strong magnetic field on the phase stability of plain carbon steels [J]. Scripta Materialia, 2000, 43 (3): 221-226.

[33] BARANOV Y V. Effect of electrostatic fields on mechanical characteristics and structure of metals and alloys [J]. Materials Science and Engineering: A, 2000, 287 (2): 288-300.

[34] JOO H D, KIM S U, SHIN N S, et al. An effect of high magnetic field on phase transformation in Fe-C system [J]. Materials Letters, 2000, 43 (5/6): 225-229.

[35] KRIVOGLAZM A, SADOVSKY V D. The question of the influence of magnetic field on martensitic transformation in steel [J]. Fiz Metal Metalloved, 1964, 18 (4): 502-505.

[36] LIU X J, LU Y, FANG Y M, et al. Effects of external magnetic field on the diffusion coefficient and kinetics of phase transformation in pure Fe and Fe-C alloys [J]. Calphad, 2011, 35 (1): 66-71.

[37] WAKI Norihisa, SASSA Kensuke, ASAI Shigeo. Magnetic separation of inclusions in molten metal using a high magnetic field [J]. Tetsu-to-Hagane, 2000, 86 (6): 363-369.

[38] YASUDA Hideyuki, OHNAKA Itsuo, KAWAKAMI Osamu, et al. Effect of magnetic field on solidification in Cu-Pb monotectic alloys [J]. ISIJ International, 2003, 43 (6): 942-949.

[39] 王强, 王春江, 王恩刚, 等. 强磁场对不同磁化率非磁性金属凝固组织的影响 [J]. 金属学报, 2005, 41 (2): 128-132.

[40] LI Xi, FAUTRELLE Yves, REN Zhongming. High-magnetic-field-induced solidification of diamagnetic Bi [J]. Scripta Materialia, 2008, 59 (4): 407-410.

[41] KISHIDA Yutaka, TAKEDA Kouichi, MIYOSHINO Ikuto, et al. Anisotropic effect of magnetohydrodynamics on metal solidification [J]. ISIJ International, 1990, 30 (1): 34-40.

[42] KURZ W, FISHER D J. Fundamentals of Solidification [M]. Aedermannsdorf: Trans Tech Publications, 1989.

[43] HOYT J J, ASTA Mark, KARMA Alain. Atomistic and continuum modeling of dendritic solidification [J]. Materials Science & Engineering Reports, 2003, 41 (6): 121-163.

[44] PAPAPETROU A. Untersuchungen über dendritisches Wachstum von Kristallen: Zeitschrift für Kristallographie-Crystalline Materials [J]. Zeitschrift für Kristallographie-Crystalline Materials, 1935, 92 (1): 89-130.

[45] IVANSOV G P. The temperature field around a spherical, cylindrical or pointed crystal growing in a cooling solution [J]. Doklady Akad Nauk Sssr, 1947, 58: 567-569.

[46] ALEXANDROV Dmitri V, GALENKO Peter K. Selection criterion of stable dendritic growth at arbitrary Peclet numbers with convection [J]. Physical Review E, 2013, 87 (6): 62403.

[47] GAO Jianrong, HAN Mengkun, KAO Andrew, et al. Dendritic growth velocities in an undercooled melt of pure nickel under static magnetic fields: A test of theory with convection [J]. Acta Materialia, 2016, 103: 184-191.

[48] TEWARI S N, SHAH Rajesh, SONG Hui. Effect of magnetic field on the microstructure and macrosegregation in directionally solidified Pb-Sn alloys [J]. Metallurgical and Materials Transactions A, 1994, 25 (7): 1535-1544.

[49] VIVES Charles. Electromagnetic refining of aluminum alloys by the CREM process: Part Ⅰ. Working principle and metallurgical results [J]. Metallurgical Transactions B, 1989, 20 (5): 623-629.

[50] GETSELEV Z N. Casting in an electromagnetic field [J]. Journal of Metals, 1971, 23 (10): 38-39.

[51] ZHANG Qin, CUI Jianzhong. The influence of electromagnetic vibration on hot cracking initiation of aluminum alloy produced by continuous casting [J]. Foundry, 2005, 54 (1): 36-39.

[52] HAGHAYEGHI R, KAPRANOS P. Grain refinement of AA7075 alloy under combined magnetic fields [J]. Materials Letters, 2015, 151 (7): 38-40.

［53］ GONG Yongyong, LUO Jun, JING Jinxian, et al. Structure refinement of pure aluminum by pulse magneto-oscillation ［J］. Materials Science and Engineering: A, 2008, 497 （1/2）: 147-152.

［54］ BARTH M, WEI B, HERLACH D M. Dendritic growth velocities of the intermetallic compounds Ni_2TiAl, NiTi, Ni_3Sn, Ni_3Sn_2 and FeAl ［J］. Materials Science and Engineering: A, 1997, 226: 770-773.

［55］ LE Qichi, GUO Shijie, ZHAO Zhihao, et al. Numerical simulation of electromagnetic DC casting of magnesium alloys ［J］. Journal of Materials Processing Technology, 2007, 183 （2/3）: 194-201.

［56］ ZHANG Beijiang, CUI Jianzhong, LU Guimin. Effects of low-frequency electromagnetic field on microstructures and macrosegregation of continuous casting 7075 aluminum alloy ［J］. Materials Science & Engineering A, 2003, 355 （1）: 325-330.

［57］ TANG Mengou, XU Jun, ZHANG Zhifeng, et al. New method of direct chill casting of Al-6Si-3Cu-Mg semisolid billet by annulus electromagnetic stirring ［J］. Transactions of Nonferrous Metals Society of China, 2010, 20 （9）: 1591-1596.

［58］ MAO Weimin, LI Yanjun, ZHAO Aimin, et al. The formation mechanism of non-dendritic primary α-Al phase in semi-solid AlSi7Mg Alloy ［J］. Science and Technology of Advanced Materials, 2001, 2 （1）: 97-99.

［59］ LU Dehong, JIANG Yehua, GUAN Guisheng, et al. Refinement of primary Si in hypereutectic Al-Si alloy by electromagnetic stirring ［J］. Journal of Materials Processing Technology, 2007, 189 （1/2/3）: 13-18.

［60］ 范宇静. X80管线钢快速感应回火实验研究 ［D］. 包头：内蒙古科技大学, 2015.

［61］ RADJAI Alireza, MIWA Kenji, NISHIO Toshiyuki. An investigation of the effects caused by electromagnetic vibrations in a hypereutectic Al-Si alloy melt ［J］. Metallurgical and Materials Transactions A, 1998, 29 （5）: 1477-1484.

［62］ TAKAGI Tsutomu, IWAI Kazuhiko, ASAI Shigeo, et al. Solidified structure of Al alloys by a local imposition of an electromagnetic oscillationg force ［J］. ISIJ International, 2003, 43 （6）: 842-848.

［63］ WHEELER A A, MCFADDEN G B, CORIELL S R, et al. The effect of an electric field on the morphological stability of the crystal-melt interface of a binary alloy Ⅲ. Weakly nonlinear theory ［J］. Journal of Crystal Growth, 1990, 100 （1）: 78-88.

［64］ LIAO Xiliang, ZHAI Qijie, LUO Jun, et al. Refining mechanism of the electric current pulse on the solidification structure of pure aluminum ［J］. Acta Materialia, 2007, 55 （9）:

3103-3109.

［65］ HUA Junshan, ZHANG Yongjie, WU Cunyou. Grain refinement of Sn-Pb alloy under a novel combined pulsed magnetic field during solidification ［J］. Journal of Materials Processing Technology, 2011, 211 (3): 463-466.

［66］ CHEN Guojun, ZHANG Yongjie, YANG Yuansheng. Modelling the unsteady melt flow under a pulsed magnetic field ［J］. Chinese Physics B, 2013, 22 (12): 333-337.

［67］ LIOTTI E, LUI A, VINCENT R, et al. A synchrotron X-ray radiography study of dendrite fragmentation induced by a pulsed electromagnetic field in an Al-15Cu alloy ［J］. Acta Materialia, 2014, 70: 228-239.

［68］ LIAO Xiliang, GONG Yongyong, LI Renxin, et al. Effect of pulse magnetic field on solidification structure and properties of pure copper ［J］. China Foundry, 2007, 4 (2): 116-119.

［69］ LI Y J, TAO W Z, YANG Y S. Grain refinement of Al-Cu alloy in low voltage pulsed magnetic field ［J］. Journal of Materials Processing Technology, 2012, 212 (4): 903-909.

［70］ CHEN Hang, JIE Jinchuan, FU Ying, et al. Grain refinement of pure aluminum by direct current pulsed magnetic field and inoculation ［J］. Transactions of Nonferrous Metals Society of China, 2014, 24 (5): 1295-1300.

［71］ GAO Yulai, LI Qiushu, GONG Yongyong, et al. Comparative study on structural transformation of low-melting pure Al and high-melting stainless steel under external pulsed magnetic field ［J］. Materials Letters, 2007, 61 (18): 4011-4014.

［72］ BLOECK M. Advanced Materials in Automotive Engineering ［M］. UK: Woodhead Publishing, 2012.

［73］ GUO Wei, YOU Guoqiang, YUAN Guangyu, et al. Microstructure and mechanical properties of dissimilar inertia friction welding of 7A04 aluminum alloy to AZ31 magnesium alloy ［J］. Journal of Alloys and Compounds, 2017, 695: 3267-3277.

［74］ QI Jingang, WANG Jianzhong, DU Huiling, et al. Heredity of aluminum melt by electric pulse modification (Ⅱ) ［J］. Journal of Iron and Steel Research, International, 2007, 14 (5): 35-76.

［75］ DOBROŇ Patrik, CHMELÍK František, YI Sangbong, et al. Grain size effects on deformation twinning in an extruded magnesium alloy tested in compression ［J］. Scripta Materialia, 2011, 65 (5): 424-427.

［76］ JAIN A, DUYGULU O, BROWN D W, et al. Grain size effects on the tensile properties and deformation mechanisms of a magnesium alloy, AZ31B, sheet ［J］. Materials Science &

Engineering A, 2008, 486 (1/2): 545-555.

［77］ GHADERI Alireza, BARNETT Matthew R. Sensitivity of deformation twinning to grain size in titanium and magnesium ［J］. Acta Materialia, 2011, 59 (20): 7824-7839.

［78］ 李娜丽. 初始组织及变形条件对 AZ31 镁合金热挤压组织和织构演变的影响研究 ［D］. 重庆: 重庆大学, 2013.

［79］ WANG Y Q, WANG Z X, HU X G, et al. Experimental study and parametric analysis on the stability behavior of 7A04 high-strength aluminum alloy angle columns under axial compression ［J］. Thin-Walled Structures, 2016, 108: 305-320.

［80］ ZHANG W, WEI G, XIAO X K, et al. Experimental study on ballistic resistance property of 7A04 aluminum alloy against rod projectiles impact ［J］. Chinese Journal of High Pressure Physics, 2011, 25 (5): 401-406.

［81］ DOLEŽEL Ivo, KROPÍK Petr, ULRYCH Bohuš. Induction heating of thin metal plates in time-varying external magnetic field solved as nonlinear hard-coupled problem ［J］. Applied Mathematics and Computation, 2013, 219 (13): 7159-7169.

［82］ 訾炳涛, 巴启先, 崔建忠, 等. 强脉冲电磁场对金属凝固组织影响的研究 ［J］. 物理学报, 200, 49 (5): 1010-1014.

［83］ 陈国军. 低频脉冲磁场金属凝固晶粒细化机理研究 ［D］. 沈阳: 东北大学, 2015.

［84］ JACKSON K A. Crystal growth kinetics ［J］. Materials Science and Engineering, 1984, 65 (1): 7-13.

［85］ EDRY I, ERUKHIMOVITCH V, SHOIHET A, et al. Effect of impurity levels on the structure of solidified aluminum under pulse magneto-oscillation (PMO) ［J］. Journal of Materials Science, 2013, 48 (24): 8438-8442.

［86］ DONG Xixi, MI Guangbao, HE Liangju, et al. 3D simulation of plane induction electromagnetic pump for the supply of liquid Al-Si alloys during casting ［J］. Journal of Materials Processing Technology, 2013, 213 (8): 1426-1432.

［87］ THOMAS B G, MIKA L J, NAJJAR F M. Simulation of fluid flow inside a continuous slab-casting machine ［J］. Metallurgical and Materials Transactions B, 1990, 21 (2): 387-400.

［88］ 晋芳伟. 梯度强磁场对铝硅过共晶合金凝固的影响 ［D］. 上海: 上海大学, 2010.

［89］ PAN L, TAO D F, HE W, et al. Skin effect of decay oscillating current pulse in rectangular cross section conductor ［J］. Journal of Zhejiang University (Engineering Science), 2016, 50 (4): 625-630.

［90］ ZHANG Qin, CUI Jianzhong, LU Guimin, et al. Microstructure of 7075 aluminum alloys produced by CREM process ［J］. Materials Review, 2002, 16 (1): 61-63.

[91] REINHART G, BUFFET A, NGUYEN-Thi H, et al. In-situ and real-time analysis of the formation of strains and microstructure defects during solidification of Al-3. 5 wt Pct Ni Alloys [J]. Metallurgical and Materials Transactions A, 2008, 39 (4): 865-874.

[92] VALKO L, VALKO M. On influence of the magnetic field effect on the solid-melt phase transformations [J]. IEEE Transactions on Magnetics, 1994, 30 (2): 1122-1123.

[93] FREDRIKSSON Hasse, ÅKERLIND Ulla. Materials processing during casting [M]. Biochemical Journal, England: Jogn Wiley & Sons, Ltd., 2006.

[94] IQBAL N, DIJK N H, VERHOEVEN V W J, et al. Periodic structural fluctuations during the solidification of aluminum alloys studied by neutron diffraction [J]. Materials Science & Engineering A, 2004, 367 (1/2): 82-88.

[95] LU Shuzu, HELLAWELL A. The mechanism of silicon modification in aluminum-silicon alloys: Impurity induced twinning [J]. Metallurgical and Materials Transactions A, 1987, 18 (10): 1721-1733.

[96] TERZIEFF P, LÜCK R. Magnetic investigations in liquid Al-In [J]. Journal of Alloys and Compounds, 2003, 360 (1/2): 205-209.

[97] EUSTATHOPOULOS N, COUDURIER L, JOUD J C, et al. Tension interfaciale solide-liquide des systémes Al-Sn, Al-In et Al-Sn-In [J]. Journal of Crystal Growth, 1976, 33 (33): 105-115.

[98] BRANDES E A, BROOK G B. Smithells metals reference book, sixth edition [M]. New York: Butterworth & Co C Publishers Ltd, 1983.

[99] GÜNDÜZ M, HUNT J D. Solid-liquid surface energy in the Al-Mg system [J]. Acta Metallurgica, 1989, 37 (7): 1839-1845.

[100] BABILAS Rafał, MARIOLA Kadziołka-Gaweł, BURIAN Andrzej, et al. A short-range ordering in soft magnetic Fe-based metallic glasses studied by Mössbauer spectroscopy and Reverse Monte Carlo method [J]. Journal of Magnetism and Magnetic Materials, 2016, 406: 171-178.

[101] BIAN Xiufang, XUEMIN Pan, XUBO Qin, et al. Medium-range order clusters in metal melts [J]. Science in China Series E: Technological Sciences, 2002, 45 (2): 113-119.

[102] YU H L, JIANG C, ZHAI Z Y. Integer quantum Hall effect in a triangular-lattice: Disorder effect and scaling behavior of the insulator-plateau transition [J]. Solid State Communications, 2017, 249: 44-47.

[103] TURNBULL D, FISHER J C. Rate of Nucleation in Condensed Systems [J]. Journal of Chemical Physics, 1949, 17 (1): 71-73.

［104］杨明生，李添宝. 用 27Al 核磁共振定量测定铝［J］. 分析化学，1996，24（6）：661-664.

［105］STECHAUNER G, KOZESCHNIK E. Assessment of substitutional self-diffusion along short-circuit paths in Al, Fe and Ni［J］. Calphad-computer Coupling of Phase Diagrams & Thermochemistry, 2014, 47：92-99.

［106］DEMMEL F, SZUBRIN D, PILGRIM W C, et al. Diffusion in liquid aluminium probed by quasielastic neutron scattering［J］. Physical Review B, 2011, 84（84）：44.

［107］HÄSSNER A. Untersuchung der Korngrenzendiffusion von Zn-65 in α-Aluminium-Zink-Legierungen［J］. Kristall und Technik, 1974, 9（12）：1371-1388.

［108］KWIECINSKI J, WYRZYKOWSKI J W. Investigation of grain boundary self-diffusion at low temperatures in polycrystalline aluminium by means of the dislocation spreading method［J］. Acta Metallurgica et Materialia, 1991, 39（8）：1953-1958.

［109］CAMPBELL C E, RUKHIN A L. Evaluation of self-diffusion data using weighted means statistics［J］. Acta Materialia, 2011, 59（13）：5194-5201.

［110］MEYER A. Atomic transport in dense multicomponent metallic liquids［J］. Physical Review B, 2002, 66（13）：134205.

［111］齐丕骧. 对压力下结晶形核率的理论计算［J］. 金属学报，1984（6）：465-470.

［112］O'Handley Robert C. Modern Magnetic Materials：Principles and Applications［M］. American：Wiley-Interscience, 1999.

［113］RUCH Lee, SAIN Djordijije R, YEH Helen L, et al. Analysis of diffusion in ferromagnets［J］. Journal of Physics and Chemistry of Solids, 1976, 37（7）：649-653.

［114］DAVIES G J. Solidification and casting［M］. London：Applied Science Publishers Ltd., 1973.

［115］TURNBULL D. Formation of crystal nuclei in liquid metals［J］. Journal of Applied Physics, 1950, 21（10）：1022-1028.

［116］GIRIFALCO L A. Activation energy for diffusion in ferromagnetics［J］. Journal of Physics and Chemistry of Solids, 1962, 23（8）：1171-1173.

［117］CULLITY B, GRAHAM C. Introduction to magnetic materials［M］. American：Addison-Wesley Pub. Co, 1972.

［118］FERREIRA P J, LIU H B, VANDER Sande J B. A model for the texture development of high-Tc superconductors under an elevated magnetic field［J］. Journal of Materials Research, 1999, 14（7）：2751-2763.

［119］SUGIYAMA Tsubasa, TAHASHI Masahiro, SASSA Kensuke, et al. The control of crystal orientation in non-magnetic metals by imposition of a high magnetic field [J]. ISIJ International, 2003, 43 (6): 855-861.

[120] SEVILLANO Jgil. Comment on "Lattice constant dependence of elastic modulus for ultrafine grained mild steel" [J]. Scripta Materialia, 2003, 49 (9): 913-916.

[121] DE Keijser Th H, LANGFORD J I, MITTEMEIJER E J, et al. Use of the Voigt function in a single-line method for the analysis of X-ray diffraction line broadening [J]. Journal of Applied Crystallography, International Union of Crystallography, 1982, 15 (3): 308-314.

[122] 王振玲, 张涛, 李莉, 等. 常压及高压凝固 Al-Mg 及 Al-Mg-Zn 合金中 Al 相的固溶体结构 [J]. 中国有色金属学报, 2012, 22 (4): 1006-1012.

[123] MACHERAUCH E. Experimental Mechanics [M]. Stree-strain Analysis, 1966.

[124] MANIAMMAL K, MADHU G, BIJU V. X-ray diffraction line profile analysis of nanostructured nickel oxide: Shape factor and convolution of crystallite size and microstrain contributions [J]. Physica E: Low-dimensional Systems and Nanostructures, 2017, 85: 214-222.

[125] WU R Z, DENG Y S, ZHANG M L. Microstructure and mechanical properties of Mg-5Li-3Al-2Zn-xRE alloys [J]. Journal of Materials Science, 2009, 44 (15): 4132-4139.

[126] 李吉庆, 刘洋, 赵新玲, 等. Al 含量对镁锂合金 α-Mg 相晶格常数及微观应变的影响 [J]. 应用科技, 2011, 38 (12): 55-60.

[127] TANG Yong, WANG Jianzhong, CANG Daqing. Electro-pulse on improving steel ingot solidification structure [J]. Journal of University of Science and Technology Beijing, 1999, 6 (2): 94-96.

[128] WANG Bin, YANG Yuansheng, ZHOU Jixue, et al. Microstructure refinement of AZ91D alloy solidified with pulsed magnetic field [J]. Transactions of Nonferrous Metals Society of China, 2008, 18 (3): 536-540.

[129] JOO H D, KIM S U, KOO Y M, et al. An effect of a strong magnetic field on the phase transformation in plain carbon steels [J]. Metallurgical and Materials Transactions A, 2004, 35 (6): 1663-1668.

[130] LI Hui, WANG Guanghou, ZHAO Jijun, et al. Cluster structure and dynamics of liquid aluminum under cooling conditions [J]. The Journal of Chemical Physics, 2002, 116 (24): 10809-10815.

[131] COHEN Marvin L, KNIGHT Walter D. The Physics of Metal Clusters [J]. Physics Today, 1990, 43 (12): 42-50.

[132] 张云虎, 仲红刚, 翟启杰. 脉冲电磁场凝固组织细化和均质化技术研究与应用进展 [J]. 钢铁研究学报, 2017, 29 (4): 249-260.

［133］ LI Chuanjun, REN Zhongming, REN Weili. Effect of magnetic fields on solid-melt phase transformation in pure bismuth ［J］. Materials Letters, 2009, 63 （2）: 269-271.

［134］ ASENSIO-Lozano Juan, SUAREZ-Peña Beatriz. Effect of the addition of refiners and/or modifiers on the microstructure of die cast Al-12Si Alloys ［J］. Scripta Materialia, 2006, 54 （5）: 943-947.

［135］ ZHENG Tianxiang, ZHONG Yunbo, FAN Lijun, et al. Effect of intensity and frequency of electromagnetic vibration on the microstructure of Zn-20% Bi hypermonotectic alloy under high magnetic field ［J］. China Sciencepaper, 2014: 165-167.

［136］ SONG Changjiang, GUO Yuanyi, ZHANG Yunhu, et al. Effect of currents on the microstructure of directionally solidified Al-4.5 wt% Cu alloy ［J］. Journal of Crystal Growth, 2011, 324 （1）: 235-242.

［137］ WANG T, XU J, XIAO T, et al. Evolution of dendrite morphology of a binary alloy under an appolied electric current: an in situ observation ［J］. Phyical Review E, 2010, 81 （1）: 42601.

［138］ MOTOKAWA M, HAMAI M, SATO T, et al. Magnetic levitation experiments in Tohoku University ［J］. Physica B, 2001, 294 （6）: 729-735.

［139］ SUN Zhi, GUO Muxing, VLEUGELS Jef, et al. Numerical calculations on inclusion removal from liquid metals under strong magnetic fields ［J］. Progress in Electromagnetics Research, 2009, 98 （4）: 359-373.

［140］ 娄长胜. 强磁场下合金熔体中颗粒运动行为控制及其对凝固组织演化的影响 ［D］. 沈阳: 东北大学, 2010.

［141］ LEHMANN P, MOREAU R, CAMEL D, et al. Modification of interdendritic convection in directional solidification by a uniform magnetic field ［J］. Acta Materialia, 1998, 46 （11）: 4067-4079.

［142］ XU Zhenming, LI Tianxiao, ZHOU Yaohe. An in situ surface composite produced by electromagnetic force ［J］. Materials Research Bulletin, 2000, 35 （s14/15）: 2331-2336.

［143］ SUN Zhi, GUO Muxing, VERHAEGHE Frederik, et al. Magnetic interaction between two non-magnetic particles migrating in a conductive fluid induced by a strong magnetic field ［J］. EPL, 2010, 103 （4）: 1-16.

［144］ WATANABE Tadao, TSUREKAWA Sadahiro. The control of brittleness and development of desirable mechanical properties in polycrystalline systems by grain boundary engineering ［J］. Acta Materialia, 1999, 47 （15/16）: 4171-4185.

［145］ DEHOFF R T, RHINES F N. Quantitative Microscopy ［M］. New York: Mcgraw-hill, 1968.

[146] DULY D, SIMON J P, MATERIALIA Y. On the competition between continuous and discontinuous precipitations in binary Mg-Al alloys [J]. Acta metallurgica Et Materialia, 1995, 43 (1): 101-106.

[147] GUO Wei, GUO Jiyan, WANG Jinduo, et al. Evolution of precipitate microstructure during stress aging of an Al-Zn-Mg-Cu alloy [J]. Materials Science and Engineering A, 2015, 634: 167-175.

[148] LI Zhifeng, DONG Jie, ZENG Xiaoqing, et al. Influence of a strong static magnetic field on the discontinuous precipitation reaction in Mg-9Al-1Zn alloy [J]. Journal of Alloys and Compounds, 2008, 455: 231-235.

[149] CUI Li-ying, LI Xiao-na, QI Min. Ageing behavior of super-saturated Al-4%Cu alloys under high magnetic field [J]. The Chinese Journal of Nonferrous Metals, 2007, 1217 (12): 1967-1972.

[150] 董琦祎, 申镭诺, 曹峰, 等. Cu-2.1Fe 合金中共格 γ-Fe 粒子的粗化规律与强化效果 [J]. 金属学报, 2014, 50 (10): 1224-1230.

[151] ARDELL A J. Precipitation Hardening [J]. Metallurgical Transactions A, 1985, 16 (12): 2131-2165.

[152] WECK A, WILKINSON D S, MAIRE E. Observation of void nucleation, growth and coalescence in a model metal matrix composite using X-ray tomography [J]. Materials Science and Engineering A, 2008, 488 (1/2): 435-445.

[153] GUO Mingxing, SHEN Kun, WANG Mingpu. Relationship between microstructure, properties and reaction conditions for Cu-TiB$_2$ alloys prepared by in situ reaction [J]. Acta Materialia, 2009, 57 (15): 4568-4579.

[154] PARK Sang-Gyu, KIM Min-Chul, LEE Bong-Sang, et al. Correlation of the thermodynamic calculation and the experimental observation of Ni-Mo-Cr low alloy steel changing Ni, Mo, and Cr contents [J]. Journal of Nuclear Materials, 2010, 407 (2): 126-135.

[155] LEE Kihyoung, PARK Sanggyu, KIM Minchul, et al. Characterization of transition behavior in SA508 Gr. 4N Ni-Cr-Mo low alloy steels with microstructural alteration by Ni and Cr contents [J]. Materials Science & Engineering A, 2011, 529 (3): 156-163.

[156] BAI Qingwei, MA Yonglin, KANG Xiaolan, et al. Study on the welding continuous cooling transformation and weldability of SA508Gr4 steel for nuclear pressure vessels [J]. International Journal of Materials Research, 2017, 108 (2): 875-882.

[157] BAI Qingwei, MA Yonglin, XING Shuqing, et al. Prediction of the temperature distribution and microstructure in the HAZ of SA508Gr4 reactor pressure vessel steel [J]. ISIJ

International, 2017, 57 (5): 875-882.

[158] FUNNI Stephen D, KOUL Michelle G, MORAN Angela L. Evaluation of properties and microstructure as a function of tempering time at intercritical temperatures in HY-80 steel castings [J]. Engineering Failure Analysis, 2007, 14 (5): 753-764.

[159] LE Qichi, GUO Shijie, ZHAO Zhihao, et al. Numerical simulation of electromagnetic DC casting of magnesium alloys [J]. Journal of Materials Processing Technology, 2007, 183 (2/3): 194-201.

[160] ZHANG Qin, CUI Jianzhong, LU Guimin, et al. Microstructure of 7075 aluminum alloys produced by CREM process [J]. Materials Review, 2002, 16 (1): 61-63.